Animals

动/物/篇

蒋厚泉　陈银洁　主编

中国林业出版社
·北京·

图书在版编目（CIP）数据

自然观察笔记. 动物篇 / 蒋厚泉，陈银洁主编. --北京：中国林业出版社，2020.7（2024.5重印）

ISBN 978-7-5219-0723-0

Ⅰ. ①自… Ⅱ. ①蒋… ②陈… Ⅲ. ①自然科学－普及读物②动物－普及读物 Ⅳ. ①N49②Q95-49

中国版本图书馆CIP数据核字(2020)第134816号

策划编辑：盛春玲
责任编辑：盛春玲　邹　爱

出版发行　中国林业出版社(100009　北京市西城区德内大街刘海胡同7号)
电　　话　(010)83143571
制　　版　北京美光设计制版有限公司
印　　刷　河北京平诚乾印刷有限公司
版　　次　2020年9月第1版
印　　次　2024年5月第2次印刷
开　　本　889mm×1194mm　1/32
印　　张　6.5
字　　数　180千字
定　　价　66.00元

编委会

序 Foreword

受蒋厚泉先生之约，为《自然观察笔记》写序，我颇感兴趣；看过书稿后，更是觉得内容引人入胜。本书凝聚了中国科学院华南植物园科普教育团队的智慧结晶，同时也收集了在华南植物园举办自然观察科普教育活动而积累的动植物素材，内容生动而实用。

华南植物园是我国三大植物园之一，早在1999年，即成为全国首批“全国科普教育基地”，开辟广州地区第一条“自然教育径”，启动华南地区第一个青少年科学互动实验室。华南植物园拥有一群从事植物学、生态学等研究的专业人员，也有一群热衷科普教育的老师。他们潜心钻研、不断创新，为植物学教育和科普事业做出贡献。

每年，华南植物园开展的科普教育活动内容丰富，场次较多，有针对不同人群的科普教育活动。植物科普导赏的场次在所有开展的教育活动中

夜间观察活动

学生在华南植物园观鸟

占比较大；观鸟教育课程和夜观教育课程每年保持在一个相对稳定的状态。近几年，华南植物园科普教育更趋系统化，开展多个系列的自然观察活动，并逐步构建和实施了富有植物园特色的教育课程体系、科学互动实验项目和未来科学家培训项目，现已开发了压花艺术系列、植物学系列、自然课堂系列、自然观察系列、博物学系列等5个系列的科普教育课程。

《自然观察笔记》是基于华南植物园多年科普教育课程而编写的，凝聚着科普教育团队的辛勤付出。本书用独特的视角展现动物和植物的生存智慧，通过自然观察，使读者与动植物们深情“对话”。徜徉书中，常常感动于大自然的神奇与美好，体悟生命的哲理。书中精美的照片时常让人惊叹不已。生动、有趣又富有哲理的故事，引人入胜，不仅向孩子们普及知识、更是引导孩子们展开一场生动的探究之旅，启迪他们学会思考。

《自然观察笔记》系列书籍是引导孩子们走进自然、学会观察与发现的良好引导。不管是家长带着孩子，还是老师带着学生，此书是大家自然观察的好助手。带着这本书，一起掀开认识自然、了解自然的新篇章。

中国科学院院士 

前言 Preface

郭世军认为，如果希望在自然观察中获得最佳的快乐体验，最需要的并非具体的观察技能和顶级的设备，而是观察事物的习惯，而观察的欲望恰恰是最关键的技巧。

自然观察者所认为的观察，不是打着探索科学的旗号，不是因为心怀发现珍稀物种的渴望，甚至于观察对象的名字都不需要马上知道。观察是把“钥匙”，如果你选择了观察，你会发现你用观察这把“钥匙”打开了另一种生活方式，可以更多地享受生活，更好地理解生命。

这位资深自然观察者多次听到家长抱怨小孩子越来越离不开电子产品的束缚；但在活动中经常看到家长让孩子观察，自己却在一旁默默地玩手机。所以，资深自然观察者建议家长朋友们，想让年轻一代养成

一名小女孩趴在家长的背后在填写观鸟信息记录表，家长在用手机搜寻相关鸟类信息

良好的观察习惯，有赖于你的亲身参与和引导，如果不参与，只顾着与“魔鬼”（手机）共舞，那就很难培养孩子的观察兴趣，父母以身作则，孩子能够与最亲近的人分享观察的乐趣，才能培养孩子的观察习惯。

观察习惯是享受观察的关键所在，观察只是自然的邀请，把观察带入你的生活，让你的生活更加精彩。

自然观察能拓宽视野，唤醒听觉，开启心扉，我们需要的是静静地享受观察的乐趣，我们最大的快乐之一就是静静地享受看似普通的景象。

无处不在的观察，会让自然离我们更近。

（摘自郭世军对飞羽的期望）

目录 Contents

夜鹭：短脖子红眼怪

Black-crowned Night Heron,

Nycticorax nycticorax

还没见到夜鹭时，我就问过有观鸟经验的师姐一个问题，夜鹭怎么认？师姐说得很抽象，她说，看气质。我是直到真正看到它的时候，才明白“看气质”这话的含义。是的，夜鹭有一种莫名的气质，像是鸟界的怪咖。

与夜鹭对比，白鹭给人的感觉很高贵优雅，因为她腿长脖子长，一身雪白，典型的“白富美”形象。而夜鹭腿短脖子粗，还喜欢把脖子缩起来，天生一副“矮穷挫”的“自卑”模样。不过，个人觉得它的模样还是蛮可爱的！其实夜鹭并不难认，它有一个很显著的特点，那就是鲜红色的眼睛。

鸟类的命名一般都是以它们的某种特征为依据的。夜鹭为什么是“夜”呢？顾名思义，这是一种夜晚就“亢奋难眠”的鸟类。它们通常于黄昏后从栖息地分散成小群出来，三三两两于水边浅水处涉水觅食，或单独伫立在水中树桩、树枝上等候猎物，眼睛紧紧地凝视着水中。夜鹭喜欢吃水里的鱼、虾、蛙以及其他水生昆虫。清晨太阳出来以前，则陆续回到树上隐蔽处休息。

夜鹭在华东、华南、华中这些地方是比较常见的，一般都聚集在近水处。说不定你们学校湖边也有哦。

辨识要点

中等体型（长约61厘米），头大而体壮的蓝黑色鹭。成鸟：顶冠蓝黑色，颈及胸白，颈背具两条白色丝状羽，背黑，两翼及尾灰色，虹膜为鲜红色。雌鸟体形较雄鸟小。繁殖期腿及眼先成红色。亚成鸟具褐色纵纹和点斑，虹膜为黄色。

池鹭：岸铺芳草睡䴔䴖

Chinese Pond Heron, *Ardeola bacchus*

池鹭是常见的鹭科鸟类之一，它的颈部颜色较深，引人注目，常单独一本正经地站立在水域边思考它的鸟生，偶尔小群活动。这时候，我们只需用望远镜细细观察它们羽毛的颜色和温柔的姿态，毫不吝啬地给予赞美，千万不要去惊扰它们这闲适的时光。

池鹭与夜鹭的亚成鸟对于初识者来说较难区分。主要观察翼缘和背部，池鹭无论成鸟、亚成鸟翼缘都是白色。而夜鹭翼缘并非白色，只是亚成鸟背部具白色点斑。更主要的是看气质，这就需要你多多观察，勤于辨认啦。

池鹭虽然未被列入濒危物种，但是由于近年来栖息地的丧失与环境的破坏，其种群数量不断减少，现已被列为“三有”保护鸟类。这般美丽沉着的鸟儿不该被打扰，一片环境优美的水域就是它最好的天堂。

辨识要点

体型略小（长约45厘米），翼白色，身体具褐色纵纹。雌雄鸟同色，雌鸟体形略小。在繁殖期，头及颈深栗色，胸紫酱色。越冬时以及亚成鸟站立时具褐色纵纹，飞行时体白而背部深褐。通常栖息于稻田、池塘、湖泊、水库和沼泽湿地等水域。

白鹭：一树梨花落晚风

Little Egret, *Egretta garzetta*

白鹭与其他白鹭属的鸟类是那么不同，不仅仅体现在体形上，它们更是有一种碧玉般的温柔气质。粗看它与其他白鹭都是一身洁白，但黑色的嘴是它最明显的特征，飞行时露出的黄趾极易辨认。它很常见，在哪个水域边偶一回头，便使人难忘它的倩影，一次次让人魂牵梦萦，期盼着下一次相遇。

郭沫若说，白鹭是一首精巧的诗，一首韵在骨子里的散文诗。而在现实中，它们也确是这般优雅的水鸟。它最能让各个年龄层的人们都为之着迷，人们亲切

地唤着“小白”，好似对待邻家的少女。它信步在水畔，梳理白羽，抑或是在枝头，孤独地站着，且一直都如此悠然闲适。在水边，在遥远的故乡，在梦里，都有那一抹雪一般纯澈的白，好像一首精巧的诗。它不会唱得婉转，却被吟诵了一年又一载。

辨识要点

中等体型（长约60厘米）。整个身体白色，嘴、脚黑色而脚趾黄，虹膜黄色，脸部裸露皮肤黄绿色，繁殖期变得鲜明，或带有红色。繁殖期颈背着生两条狭长而软的矛状羽，背部有上卷蓑羽。栖息于沼泽、稻田、湖泊或滩涂地。

牛背鹭：高贵的放牛郎

Eastern Cattle Egre,

Bubulcus coromandus

在农村住过一段时间的人，或许曾看到过田野里的牛背上停着一些和白鹭差不多大的白鸟。这种鸟很可能就是牛背鹭，或者说“放牛郎”，它的名字就是根据它的这种行为特征取的。这种鹭与家畜或水牛关系密切，通常围绕在家畜、水牛周围捕食它们走动时惊飞的草丛里的昆虫。牛背鹭也是唯一不以鱼而以昆虫为主食的鹭类。当然，偶尔也尝尝蜘蛛、黄鳝、蚂蟥和蛙等其他小动物。

辨识要点

体型略小（长约50厘米）的白色鹭。繁殖羽时期，体白，头、颈、胸沾橙黄；虹膜、嘴、腿及眼先短期呈亮红色，余时橙黄。非繁殖羽时期，体白，仅部分鸟额部沾橙黄。与其他鹭的区别在于体形较粗壮，颈较短而头圆，嘴较粗厚。黄色嘴，脚近黑。

很多人第一次见牛背鹭的时候会把它错认成小白鹭，特别是非繁殖羽时期。那么在非繁殖羽时期怎么区分牛背鹭和小白鹭呢？这个时期，它们的体羽都是以白色为主调，但牛背鹭是黄嘴巴，小白鹭是黑嘴巴，还有小白鹭的黄脚趾也是区别之一。相较之下，繁殖羽时期两者就很好区分啦。小白鹭繁殖羽纯白，颈背具细长饰羽，背及胸具蓑状羽。而牛背鹭此时的头、颈、胸都会有橙黄色。

不过，可不是所有牛背上站着的鸟都是牛背鹭哦。曾经有一个同学发了一张较模糊的照片，问我们照片里牛背上站着的是什么鸟？大家很一致地回答：“牛背鹭！”而事实是，那天夕阳下的那头牛背上站着的鸟儿，是喜鹊。

黑鸢：城市上空的黑色魅影

Black Kite, *Milvus migrans*

体型略大的深褐色猛禽，识别特征是飞行时具有楔形、稍微分叉的尾部，且具有两白色翼斑，为我国最常见的猛禽之一，常可见于城市（特别是临海城市）上空盘旋。另与普通鵟常常出现于同一生境，但普通鵟飞行时尾扇形，且翼下部白色区域较大，二者易于区分。

辨识特征

中等体型（长约55厘米）的深褐色猛禽。浅叉形尾为本种识别特征。身体暗褐色，飞翔时翼下左右各有一块大的白斑。常利用热流高飞，盘旋飞行，寻找食物，会大群集在一起。喜开阔的乡村、城镇及村庄。优雅盘旋或作缓慢振翅飞行。

我从来是不烦恼于看猛禽的——即使是最常见的黑鸢，那标志性的大型猛禽的影子，那稳健的压抑着即将喷涌而出的暴力的盘旋，也足够让那颗哪怕已经口上说没意思的情绪再次沸腾起来。黑鸢常常出现在城市的上空，偶尔会以极低的高度盘旋在郊区的楼房顶上，那景象常常让蜗居在一方长途客车狭小座位上的我所羡慕，我总会趴在窗前，

小䴙䴘：任性起伏的潜水艇

Little Grebe, *Tachybaptus ruficollis*

䴙䴘（音“辟踢”）科中最小的一种。脚黑色且腿靠后，故走路不稳，精通游泳和潜水捕食。成鸟春至秋季时，通体黑色，仅颈侧呈亮深红色，尾部为灰白色；而到冬季，则喙为黄色，颈侧为浅黄色，头顶部和翅背为黑褐色。一般为留鸟，多栖息于池塘、湖泊等水泽处，以鱼虾为生。

辨识要点

体型最小的䴙䴘（长约 27 厘米），近乎椭圆，繁殖期成鸟头顶和上体黑褐色，颊部、颈侧和前颈栗红色，其余下体、胸部灰白色，眼先和喙裂乳白色，主要生活在水塘、湖泊、沼泽。小䴙䴘是中国最常见的水鸟之一。

小䴙䴘一般形单影只，但也可见 2 ~ 5 只成群行动。因为对陆地生活不擅长，且生性乖巧害羞，因此喜欢在离陆地较远的水面中心处游动。在春到秋季辨识度很高，因为其颈侧的深红色羽在阳光底下会愈发红亮，与周身的黑色呈明显对比。除此以外，虽身影类似鸭科，但体形比普通鸭类小上一圈，不借助望远镜观察它时它就像是湖面上一个若隐若现的小黑点。

说是“若隐若现”，则体现了小䴙䴘的另一个特点——潜水。特别是在白天觅食活跃期，经常可以看到它在水面漂浮了一会儿后，就头往下一扎，整个身子消失在人们的视野里；大概过了30秒后才突然冒了出来，轻轻抖动身上的羽毛。有时水流偏急，它再出现时已然游到了另一个点，像是打地鼠游戏里的小地鼠一样，行踪充满不确定性，很是有趣。

小䴙䴘还有一些少见的行为。一说是小䴙䴘偶有顽皮时，会沉水至只有眼和嘴在水面上窥看，被人戏称为“王八鸭子”；一说它们在求偶期间会频繁发出ke-ke-ke的高音叫声。

松雀鹰：勇敢和毅力的象征

Besra, *Accipiter virgatus*

松雀鹰主要吃小型鸟类和爬行类，常站在林间高处树枝上观察四周情况，也会在高空中盘旋寻找猎物。松雀鹰两翼较窄，翼展较小，飞行速度不如隼快，但转弯非常灵活，便于捕食林间活动的小鸟。

在中世纪的欧洲就有人驯养雀鹰捕猎野鸡。无论是松雀鹰还是其他任何一种猛禽，在如今首先必须明确一点：在中国，所有的猛禽都是国家Ⅰ级或Ⅱ级保护动物，在没有合法许可证的情况下任何个人饲养都是违法的，而个人饲养是不会被下发许可证的。此外，目前在中国无论商家如何宣称都没有任何机构能够做到猛禽的人工繁殖。所有市面上贩卖的猛禽无一例外都是在野外抓来的，抓捕过程中的死亡和饲养过程中的死亡不计其数，这对它们个体和种群的伤害是不可忽略的。更严重的伤害是在所谓驯鹰——“熬鹰”的过程中，对它们的身体和精神造成双重伤害，使得好不容易活过贩卖阶段的猛禽再一次面临死亡，活下来的仍旧是少数，且活下来的少数已经不能称作正常的猛禽了。在如今猎奇炫耀心理的趋势下，购买猛禽的少数人不仅没有合法许可甚至并不知道正确喂养猛禽的方法，驯鹰的过程中也因为无知常常把猛禽虐待致死，更不会再放它们回归自然。

辨识要点

中等体型（长约33厘米）的深色鹰。似凤头鹰但体型较小并缺少羽冠。成年雄鸟：上体深灰色，尾具粗横斑，下体白，两肋棕色且具有褐色横斑，喉白而具黑色喉中线，有黑色髭纹。在林间静立伺机找寻爬行类或鸟类猎食。

红隼：将飞行艺术化进行到底的猛禽

Common Kestrel, *Falco tinnunculus*

看到红隼的那天是元宵节。正月十五的小城，喜庆的气氛丝毫不减。一到下午 4 点钟，我准时背上望远镜到离家 1 千米的烈士陵园坟场里观鸟。人迹罕至的坟场是很多鸟类的乐园，乌鸫、黑脸噪鹛整天叫个不停，喜鹊、戴胜也是这里的常客。但是今天却异常安静，我伫立在小山坡上，荒草漫山遍野一览无余。就这样站了几分钟后，在我前方 50 米处，红隼来了。

红隼来到坟场后转了一圈，栗色的背部和三角形的黑色翼尖在望远镜里一闪而过，我的视线随同它飞行的轨迹落在树枝上，接下来就只能看到它腹部的纵纹。从飞行到站落，红隼简直是在阐述一种艺术。如果说飞行是一种技能的话，那么红隼的飞行就是把这种技能艺术化。

红隼一动不动地站我正前方的树枝上，一人一鸟相对视，仿佛是停滞时空里的一场对决。但我更愿意把这认为是一种人与鸟之间的信任。我内心迫切地希望走近一点，这样也许能看得更清楚。但是这种信任让我不能够去僭越我和它之间的约定。人是要遵守动物的某些规则的。

大约过了5分钟，红隼展翅往城镇的方向飞去。我看见夕阳的余晖下，它飞跃过一排排的商品房直至消失不见，身后乌鸫、噪鹛大声聒噪。后来我连续几天去坟场等它却再没有等到它出现，然而那样的场景却再也忘不掉。

辨识要点

小型猛禽（长约33厘米），属于隼形目隼科隼属。雄鸟头顶及颈背灰色，上体赤褐略具黑色横斑，下体皮黄而具黑色纵纹。雌鸟则上体全褐，比雄鸟少赤褐色而多粗横斑。栖息于山地森林、旷野平原、农田耕地和村庄附近等各类生境中。

普通鵟：御风王者

Eastern Buzzard, *Buteo japonicus*

观鸟人有个说法，大鹰与小莺难辨也。大鹰即猛禽一类，已是公认的难以辨认。最初接触观鸟的时候，有次跟同学参观动物标本馆，同学问我，眼前两只收翅站立的大鸟，为啥一只叫金雕，一只叫普通鵟啊？当时我愣是看了半天，都没法说出个区别来。事后才了解到，金雕和普通鵟都属于鹰形目鹰科成员，但雕一般比较大，属于大型猛禽，普通鵟属于中型猛禽，金雕的体型大约是普通鵟的 1.5 ~ 2 倍，仔细观察还能发现金雕的头后和颈部的金黄色。如果到野外看它们飞行，还可以看见它们翅端伸出来的翼指，普通鵟的一致是 5 枚的，而金雕有 7 枚呢，它们腹部的斑纹也大不一样。后来请教对猛禽比较熟的飞羽同学才知道，除了猫头鹰，猛禽先按体型分类，体型最大的一般是雕、鹫，中型的一般是鹰、鵟，小型的如鹞、隼；然后看展翅翅膀形状、尾部展开的形状；再看腹面羽毛花纹；最后观察野外飞行姿势等等。难怪一般对于新手来说，会看着两只收敛翅膀的标本，除了体型以外难以说出大的区别。

猛禽不仅同种之间难区分，即使同一个种的猛禽，在不同时期、不同地区也有不一样的羽毛颜色，这使得猛禽更加难以区分。碰巧的是，鵟的羽色无论怎么变，它们翅膀腹面“手腕”处总有一大块黑斑，这是鵟类最鲜明的特征。要是在野外看到翅膀上有黑斑、尾羽展开扇形的且喜欢盘旋的猛禽，那基本确定就是鵟了。而且，华南地区见到的鵟基本都是普通鵟。毕竟在众多猛禽中，鵟算是我国比较常见的。加上飞行比较笨拙容易拍摄，因此经常出在我国各种武侠剧里，以冒充鹰、雕等动作迅速机动性强的猛禽。

鵟有着高超的控制气流的能力，起飞后基本借着地面上升气流和侧面的风就能不动翅膀地盘旋，非常潇洒。估计就是这样懒惯了，动作就没其他林栖猛禽强，所以它在野外还会被喜鹊、乌鸦等欺负。尽管如此，它捕食鼠类的动作还是足够迅猛的。它们尤其喜欢鼠类，难怪人们常说夜晚猫头鹰是鼠类克星，白天鵟是鼠类克星，鼠类在有猫头鹰和鵟生活的地带可谓日夜都不得安宁啊。

辨识要点

体型略大（长约 55 厘米）的红褐色鵟。上体深红褐色，脸侧皮黄具近红色细纹，栗色的髭纹显著；下体偏白具棕色纵纹，两胁及大腿沾棕色。飞行时两翼宽而圆，初级飞羽基部具特征性白色斑块。尾近端处常具黑色横纹。在高空翱翔时两翼略呈“V”形。嘴灰色端黑，虹膜黄色，脚黄色。常见在开阔平原、荒漠、旷野、开垦的耕作区、林缘草地和村庄上空盘旋翱翔。

雉鸡：白貂皮围脖的贵妇人

Common Pheasant, *Phasianus colchicus*

红色的肉垂加上白色环颈和长长的尾羽，使它看起来像是盛装出席宴会、围着白色水貂皮、脸上抹了红胭脂、拖着长长燕尾裙的贵妇人一般。但是，它一旦行动起来就暴露了“本性”，像个小偷一般。它在林子里每走两步，就悄悄地叫两声，停下来屏气不动，伸长脖子四处张望，生怕被人发现了它的踪迹一般。虽然雉鸡有个鸡字，而且拖着长长的尾巴，但是它一点都不像我们家里养的鸡。而且长尾巴不会影响它的飞行哦！记得有一次我们过马路的时候，它也准备过马路，被我们吓到了，扑腾扑腾地就飞了起来，长长的尾羽再加上慢悠悠的飞行速度，其实还让人感觉它很优雅呢！

辨识要点

体型稍大的雉（长约 85 厘米），尾部长，嘴为黑色且形似家鸡，头部带金属绿色光泽，在阳光下会有淡淡的反光，脸上有红色肉垂，脖子上有一圈白色的毛，背部及前胸皆是棕色并有斑纹，腰部灰，尾巴占体长的一小半。栖息于中、低山丘陵的灌丛、竹丛或草丛中。

黑水鸡：会飞会游泳的“鸡”

Common Moorhen, *Gallinula chloropus*

辨识要点

30厘米左右的中型涉禽，嘴短，红色，先端黄色，脚黄绿色。头至头部石板黑色，额板红色，背部黑褐色，胸以下黑色，胁有白斑，尾下覆羽两侧有椭圆形白斑。多见于池塘、沼泽及水田等地带。常在水中慢慢游动，在水面浮游植物间翻拣找食。

“落汤鸡”这个词，相信大家都不陌生，可是你看过会游泳的“鸡”吗？它就是本文的主角——黑水鸡。但其实它并不是鸡，而是“水鸡”。

黑水鸡的游泳方式很有意思，不同于鸭子的游泳方式。众所周知，鸭子的爪子是有蹼的，这有利于鸭子在水中游动，而黑水鸡的爪子具有微蹼，所以它游泳时，脖子一伸一缩，以便帮助它在水里游动。黑水鸡的游泳姿态略带滑稽又十分可爱。黑水鸡不同于家鸡之处，除了它会游泳外，还因为它会飞。黑水鸡虽然不善飞行，飞行缓慢，起飞前往往要先在水上助跑很长一段距离。它飞行时头、颈和腿均伸直的模样令我很是敬佩，它虽然飞得不高，但是飞得十分努力，尤其是它在水上助跑时的“水上漂”功夫，每每见到都令人十分地惊叹。

在我看来，黑水鸡就像缩小版的黑天鹅。几乎人人都喜欢黑天鹅的高贵美丽。黑水鸡虽不及黑天鹅的颜值高，但它的仪态端庄也是令我感到赏心悦目的。除大洋洲外，黑水鸡几乎遍及全世界，在广州地区属常见留鸟。只要有荷花塘、池塘或沼泽的地方，你都可以留意一下是否有黑水鸡的身影。

黑水鸡已被列入国家三有保护鸟类，不允许猎杀。对于“三有动物”，私自捕捉和捕杀 20 只（条）以上就构成犯罪。

白胸苦恶鸟：有故事的大长腿

White-breasted Waterhen, *Amaurornis phoenicurus*

每回遇苦恶鸟都是先闻其声，再见其鸟。特别是在清晨、黄昏或它们的繁殖期间，它们叫得更欢了！它的叫声很有特点，“kue，kue，kue”，听起来就好像在抱怨“姑恶”。因为这个特点，中国民间有这样一个传说。传说一个苦媳妇被恶家姑折磨虐待至死后，化为怨鸟，所以叫起来总是“姑恶，姑恶”。苏东坡、陆放翁等人都有咏姑恶诗。南宋诗人范成大在诗序曰：“姑恶，水禽，以其声得名。世传姑虐其妇，妇死所化。”苏东坡诗云：“姑恶，姑恶，姑不要，妾命薄。”这里所说的，应该就是现在所谓的“苦恶鸟”之名的由来。

这种鸟最喜欢在芦苇、水草丛中穿行，性子还特别机警，白天常躲藏在芦苇丛或草丛中，不轻易出来。它们平时很少飞翔，迫不得已时，才飞行十余米或数十米就又落入草丛中。大多时候是单独行动的，只有繁殖期间才较常成对出没。

难忘的是，有一次大中午我和一群小伙伴行走在池塘边的小路上，一旁的苦恶鸟似乎被我们吓到了，迈开它那纤细的大长腿以百米冲刺的速度从小路杂草一边蹿到另一边更为茂密的草堆。那姿态很滑稽，仿佛它刚刚去偷了别人家的蛋，看主人回来了，撒腿狂奔！不过，平时大多时候看到的白胸苦恶鸟可都是慢悠悠地在浅水处走动觅食，一副优雅淑女的形象。

辨识要点

中型涉禽（长约 33 厘米），上体深青灰色，两颊、喉以至胸、腹均为白色，与上体形成鲜明对比。下腹和尾下覆羽栗红色。成鸟两性相似，雌鸟稍小。嘴黄绿色，嘴基红色，稍隆起，但不形成额甲。腿、脚细长、黄褐色。善奔走，不善长距离飞行。在芦苇或水草丛中潜行，亦稍能游泳。以昆虫、小型水生动物以及植物种子为食。

山斑鸠：斑马脖颈

Oriental Turtle Dove, *Streptopelia orientalis*

辨识要点

体型约32厘米的偏粉色斑鸠，与珠颈斑鸠的区别在于颈侧有明显的黑白色条纹的块状斑。它的下体多偏粉色，脚红色，与灰斑鸠的区别在于体型较大。它常见且分布广泛，是华南地区常见的留鸟。

第一次见到山斑鸠的时候，我还是刚入门的小“菜鸟”，由于当时观测地点光线昏暗，虽然看到斑鸠颈部有形似斑马线的条纹，但还是把山斑鸠错认成了珠颈斑鸠。随后我咨询了飞羽组织里一些经验丰富的鸟友，才得知那是山斑鸠而非珠颈斑鸠。山斑鸠和珠颈斑鸠最明显的区别就是颈部：山斑鸠的颈侧有明显的黑白条纹的块状斑，而珠颈斑鸠的颈部黑色块斑上满是白点。这件事情让我觉得，观鸟时的观察和思考真的是非常有意思的。观鸟不能“想当然”，不能过分固执己见，也不能没有知识储备作为支撑。

初见斑鸠的小伙伴可能会觉得它的气质和我们常见的家鸽很像，其实斑鸠和鸽子本来就是属于同一科的——鸠鸽科。除了山斑鸠、珠颈斑鸠之外，名字里面有“斑鸠”二字的鸟类还包括火斑鸠、灰斑鸠、棕斑鸠等，真希望能早日遇见这些可爱的小精灵。

珠颈斑鸠：戴珍珠项链的“野鸽子”

Spotted Dove, *Spilopelia chinensis*

“咕，咕，咕。”“听，过儿又在叫啦！”每每听到这鸟叫声，我都会这样调侃道。原来，这是一种长得很像鸽子，名叫珠颈斑鸠的小鸟叫声。

珠颈斑鸠是鸽形目鸠鸽科珠颈斑鸠属的鸟类，头部鼠灰色，背至尾羽灰褐色，尾羽外侧黑色，末端白色，腹部淡紫葡萄色，胁略带灰色，嘴暗褐色，脚紫红色。最引人注目的是它颈侧满是白点的黑色块斑，像是爱美的女生戴了一串珍珠项链，“珠颈”斑鸠因此得名。不过，这串珍珠项链，只有成年珠颈斑鸠才有资格戴上，幼鸟和亚成鸟是没有的，且颜色不及成鸟鲜艳。

辨识要点

身体修长(约30厘米)，外侧尾羽前端的白色甚宽，飞羽较体羽色深，颈侧长有满是白点的黑色斑块。虹膜橘黄色，喙黄色，脚红色。出现在各种人居环境，包括村庄周围，城市园林绿地。

珠颈斑鸠是中国东部和南部最为常见的野生鸽形目鸟类，俗称“野鸽子”。多见于开阔的低地及村庄，在城市的居民小区楼顶也常见。珠颈斑鸠尤其喜欢在清晨和黄昏时鸣叫，白天也能听到它反复鸣叫。发声时颈部的羽毛会拱起，叫声低沉，重音靠后，类似“咕，咕，咕”；驱赶入侵者或保护幼鸟时会发出“咕，咕”“咕，咕，咕”。

珠颈斑鸠主要以植物种子为食，特别是农作物种子，有时也吃蝇蛆、蜗牛、昆虫等动物性食物。通常在天亮后离开栖息树到地上觅食，离开栖息地前常鸣叫一阵。主要在地面上觅食，觅食活动多以清晨和近黄昏较为活跃。它们喝水的方式是俯身吸水，与其他鸟类不同。求偶的雄性珠颈斑鸠在表演时身体会极度倾斜，并在绕圈飞行时舒展自己的双翅和尾巴以吸引雌性。

鹰鹃：肆意叫嚣的“高层”

Large Hawk-Cuckoo, *Hierococcyx sparverioides*

鹰鹃常在树上叫嚣，仿佛在说“你找不到我！你找不到我！你还是找不到我！”。人家叫得这么嚣张可不是毫无道理的，因为它在树冠层高高站立着，树下的我们可是很难寻觅到它呢。但是皇天不负有心人，谁让它越来越嚣张呢。跟着声音找，就能寻到鹰鹃的真面目了。鹰鹃，除了叫声有点像鹰以外，真的没有特别像鹰的地方。人家鹰的身板可苗条了，鹰鹃却无忧无虑地把自己喂得肥肥胖胖的，难怪整天歇着不动。不过不运动可是不好的哦！

辨识要点

体型偏大的鹰鹃，头部为浅灰色，背部为深灰色，喉白至前胸有纵纹，前胸橙黄色，前胸至腹部中部有横纹，腹部为白色，尾部有数条横纹，尾端有橙黄色，嘴稍弯，大而稍尖。叫声为“呜哇”的两声，会连续叫，并且声调一次比一次高，非常易认。喜好站在树冠层，在树下比较难以观察到。

褐翅鸦鹃：大毛鸡

Greater Coucal, *Centropus sinensis*

褐翅鸦鹃，在南方又有称“毛鸡”“大毛鸡”的。它们喜欢单独行动，喜欢在地面走动，休息时也栖息于小树枝丫，或在芦苇顶上晒太阳，雨后尤甚。它们吃的东西比较杂，一般林鸟吃的主要是昆虫、植物果实和种子，而它们还吃蜈蚣、蟹、螺、蚯蚓、甲壳类、软体动物等无脊椎动物，以及蛇、蜥蜴、鼠类和雏鸟等脊椎动物。看样子，褐翅鸦鹃也是个名副其实的吃货呐！

辨识要点

体长 52 厘米，黑色的嘴较为粗厚，尾羽呈长而宽的凸状。雄鸟和雌鸟的羽色很相似，通体除翅和肩部外全为黑色，头、颈和胸部闪耀紫蓝色的光泽，胸、腹、尾部等逐渐转为绿色的光泽。两翅为栗褐色，肩和肩的内侧为栗色。喜林缘地带、次生灌木丛、多芦苇河岸及红树林。

很多动物因传说有较高药用价值而被大量猎杀，导致数量急剧减少，褐翅鸦鹃就是其中一种。作为毛鸡酒的原料，传统中医认为褐翅鸦鹃具有较高的药用价值。20 世纪 50 ~ 60 年代，广东、广西两地对褐翅鸦鹃的猎捕数量剧增，再加上它们的生境遭到破坏，导致野外种群数量急剧锐减。各地组织专业队伍捕捉的事时有发生，使得它们早些年已处于濒危的状态。1989 年的时候，褐翅鸦鹃就被列为国家 II 级保护动物。

如果我们对自然干预过度，就会对其造成不同程度的破坏。自然界万物环环相扣，维持着一定的动态平衡。倘若这个平衡中某个环节缺失了，后果的严重性可能是无法估量的。所以，还是让我们与自然万物和谐相处吧。

八声杜鹃：清明时节遇杜鹃

Plaintive Cuckoo, *Cacomantis merulinus*

清明节到了，八声杜鹃也到了，清晰而响亮的叫声开始响彻校园。节前的一个早上，我开始循着叫声寻觅八声杜鹃的所在，终于在图书馆的天台发现了它。我借着树阴的掩护向它靠近，它则依旧从容不迫地做着发声练习，每一次都能够把音调控制得十分精准，堪比专业歌唱家。对于八声杜鹃来说不仅唱歌好听重要，颜值一样重要。一只成年的八声杜鹃，通过望远镜可以清晰地看到，灰褐色头部的它像是戴着灰色头巾，下半身则像是穿着旗袍，这身打扮散发着谜一样的韵味。

辨识要点

体型似鹎，成鸟头、胸灰褐色，下体为棕色和灰色相结合，尾羽有黑白色的斑痕，喜欢站在电线杆上或建筑物顶端鸣叫。叫声先是4个慢音节，再跟着4个音调从高到低的快音节，独特易认。

虽然说八声杜鹃非常勤于鸣叫，有时候连夜晚和下雨天都不例外，但是在对待自己的宝宝方面，它可是个“懒癌”家长。八声杜鹃经常将自己的卵产在其他鸟类的巢内，让其他鸟类代其孵卵。就连它的宝宝孵化出壳后也是依靠其养父母喂养长大。

噪鹃：踏破铁鞋无觅处

Asian Koel, *Eudynamys scolopacea*

春天的华南植物园里杜鹃花开得特别美，走在杜鹃园里目之所及遍是姹紫嫣红。占领我们眼球的是杜鹃花，占领我们耳朵的就是噪鹃的叫声了。

“ko，wo，ko，wo”，独特的叫声令人印象深刻，但是要找到它却不容易。噪鹃经常躲在乔木的顶端鸣叫，加之习性隐蔽，好几次在树林里兜兜转转到最后都无功而返。

第一次找到噪鹃是在植物园西门附近的树林里。春天的午后总容易让人产生倦意，而此时噪鹃却在树林里不停地聒噪，响亮的叫声几乎让人睡意全无，禁不住它的诱惑，我决定再次去寻找它。高大的树木，茂密的树冠几乎将阳光阻挡，抬头寻找时只能靠声音来辨别噪鹃的方向。功夫不负有心人，终于在一个树枝的缺口处找到了正在鸣唱的噪鹃。

噪鹃站在光秃的树枝上，从下往上可以看到一个非常明显的剪影。这是一只雄性的噪鹃，虽然受到光线的影响有些模糊，但我还是能辨别出它身上的特征。纯色控的我，还是蛮喜欢雄性的纯黑色系的。雌性的噪鹃就长得略丑了，以褐色为底色就已经没有了喜感，再加上白色斑点，瞬间气质全无。这边的噪鹃叫一声，不远处的其他噪鹃就应和一下，一唱一和，原本对这叫声的懊恼居然也没有了。兴许是看到了新鸟，快乐反倒把不愉快掩盖。

辨识要点

体型较大（长约42厘米）的杜鹃。雄性的噪鹃全身黑色，雌性噪鹃则全身布满白色斑点且尾羽具有规则显著的白色横纹，无论雌雄都具有红色虹膜和浅绿色的喙。

戴胜：有一戴胜兮，见之不忘

Common Hoopoe, *Upupa epops*

如果要说一种最好认的鸟，戴胜绝对排名前列。黄色的脖子、黑白相间的花翅膀、细长嘴和头顶醒目的羽冠，如果在植物园里看到这样的鸟类特征，就大胆地猜它是戴胜吧。

戴胜的名字听来奇怪，但其实描绘得生动。“胜”是古代女人的一种头饰，而戴胜的羽冠展开时，就恰如“胜”。你见过一眼戴胜，便再也不会忘记它的模样，再见到，就会有一种不可名状的亲切感。

戴胜的分布地极广，在国内，基本大部分地区都有它们的分布，长江以南更是常年可见。戴胜是一种被人们提及率极高的物种。乍看它细长的嘴，大家都会以为它是啄木鸟的一种，其实它在地面找到虫子后，会猛地甩头将虫子抛到空中，然后张开嘴一口吞入；而啄木鸟的嘴粗短，所以两者并无关系。戴胜可是戴胜目戴胜科戴胜属的戴胜，就是拥有这般与众不同的气质。

中国有些地方叫它“臭咕咕”，因为它幼鸟的粪便堆在巢中亲鸟不清理，而且雌鸟在孵卵期间尾部腺体有分泌物，弄得巢很脏很臭，气味令人厌恶。

辨识要点

中等体型（长约 30 厘米），色彩鲜明，雌雄外形相似。它具有长而尖黑的耸立型粉棕色丝状冠羽。冠羽顶端有黑斑，直竖时像一把打开的折扇。受惊、鸣叫或在地上觅食时，冠能耸起。头、上背、肩及下体棕色，两翼及尾具黑白相间的条纹。嘴细长并向下弯。喜栖息在开阔的田园、园林、郊野的树干上。

领角鸮：大眼萌

Collared Scops Owl, *Otus lettia*

领角鸮是鸮形目鸱鸮科角鸮属的猫头鹰，体型略大的偏灰或偏褐色角鸮。具明显耳羽簇及特征性的浅沙色颈圈，有“领”有“角”，故叫“领角鸮”。上体多具黑色及皮黄色的杂纹或斑块；下体皮黄色，条纹黑色。领角鸮的鸣声低沉，为“不，不，不，不”的单音，常连续重复四五次，从傍晚一直叫到深夜。

辨识要点

体羽偏灰色或褐色，体型略大（长约24厘米），虹膜色深，具浅沙色的颈圈，上体偏灰色或沙褐色，下体灰色，有细密底纹和黑色纵纹，栖息于山地阔叶林和混交林中，也出现于山麓林缘和村寨附近树林内。

领角鸮主要以鼠类、甲虫、蝗虫和鞘翅目昆虫等为食。繁殖期为3～6月，通常营巢于天然树洞内，或利用啄木鸟废弃的旧树洞，偶尔也利用喜鹊的旧巢。

一天我在刷朋友圈的时候，得知有人在中山大学发现了“中大神兽”——领角鸮！被领角鸮可爱至极的萌态吸引住的我立刻和同学一起去中大寻找领角鸮。

领角鸮白天多躲藏在树上浓密的枝叶丛间睡觉，晚上才开始活动，飞来飞去行如白昼。大白天想找到领角鸮不是一件容易的事情，因为它不仅隐藏得很隐秘，而且总是一声不吭，静静地待在大树的冠层深处，不容易被发现。在一处竹林里，经过我们不懈的找寻，终于发现了领角鸮。为了避免惊扰到领角鸮睡觉，我们努力克制住发现领角鸮的欣喜。时而有一阵风吹来，吹动了领角鸮站立附近的枝条，它动了动自己的脑袋，睁开了它那昏睡的眼睛，眯成了一条线，毛绒绒的样子可爱极了！它的耳羽时而竖起，时而耷拉下来。我们在竹林下仰着头，几乎是成90度的仰角，领角鸮则以俯视的姿态望着下方的我们，睁着它那大大圆圆又水灵的眼睛好像想要看清下面有什么动静。白天的时候，它的视力是非常差的，但是，它的眼睛能在伸手不见五指的黑夜里看清一切，抓老鼠、蝙蝠简直是易如反掌，这与它独特的眼睛结构密切相关。

2015年贵州一男子因捕猎领角鸮获刑7年。领角鸮是国家Ⅱ级保护动物，捕捉、贩卖、饲养领角鸮都是违法行为。

斑头鸺鹠：高冷呆萌霸气可爱的“城市猫”

Asian Barred Owlet, *Glaucidium cuculoides*

猫头鹰是猛禽，斑头鸺鹠作为猫头鹰的一种当然也不例外。但因为体型较小，脸圆，反而显得有些呆萌可爱却又不失霸气。它是一种分布在中国南方的留鸟，常栖息在平原、低山丘陵的树林灌丛中，有时也会出现在村寨农田等附近的疏林里。它和领鸺鹠一样是全天性活动的猫头鹰，在白天或是夜晚都能活动和觅食，主要以各种昆虫或小动物如小鼠、蛙类、蜥蜴为食。

斑头鸺鹠叫声洪亮，在宁静的夜晚可传至数千米开外。若是在夜晚想听着声音来寻找它却是有一定难度的，我们常常是只听其声而未见其身。我曾有幸在夜晚用望远镜看到一只疑似斑头鸺鹠的猫头鹰，它那犀利的双眼仿佛洞察着世间一切，看到它我的脑海里自然浮现出那句经典的诗：“黑夜给了我黑色的眼睛，我却用它来寻找光明。”在那一刻感受到生命伟大的力量，让 我再一次觉得在大自然面前，人类其实是这么的渺小。

辨识要点

体长22至26厘米。头部浑圆，没有耳羽簇，虹膜黄色，嘴黄色。身体深褐色且带有白色细横纹，腹部白色，喉部有两个显著的白色斑。其鸣声为急促而渐强的一串“咯咯”声，在清晨和黄昏时可见其栖息在树枝间较为显眼的地方。

白胸翡翠：系着白领带的翡翠

White-throated Kingfisher, *Halcyon smyrnensis*

两只翠鸟落在同一棵大树的枝条上。

普通翠鸟："那边的大个子，我说为啥你长得那么大那么强壮哇？"

白胸翡翠（笑了笑）："因为我不像你那么挑食啊。"

以上画面仅为作者本人脑补，而现实当中，这两种鸟同为翠鸟科的鸟类。白胸翡翠跟普通翠鸟的生活环境非常相似，都喜欢在水边，确实经常碰面，华南植物园子遗植物区的湖上，有时就能同时见到它俩停在同一个树枝上。翠鸟一般只在距离湖面很低的地方活动，而白胸翡翠活动范围就广多了，从水边低矮树枝到树顶都可以待，与此同时，白胸翡翠平时飞行高度也会比普通翠鸟高得多。

同样有粗直的长嘴，蓝色的羽毛，白胸翡翠跟普通翠鸟要怎么区分？亲眼见过它们就会发现，白胸翡翠体型比普通翠鸟大很多，单是体长白胸翡翠就是普通翠鸟两倍！除此之外，普通翠鸟基本以鱼为主食，偶尔也就吃点小虾，而白胸翡翠不仅仅吃鱼吃虾，还吃不少昆虫，体型略小的青蛙它们也会抓来补充营养。你看，它吃得那么丰富，能不比普通翠鸟长得高大吗？跟其他翠鸟一样的是，无论是鱼虾还是青蛙，白胸翡翠都喜欢利用树枝把抓来的猎物拍晕。跟普通翠鸟一样，有时候雄性白胸翡翠拍晕猎物不是为了自己直接吃下，而是要送给雌鸟讨雌鸟欢心咧。

辨识要点

体略大（长约 27 厘米）的蓝色及褐色翡翠鸟。颏、喉及胸部白色；头、颈及下体余部褐色；上背、翼及尾蓝色鲜亮如闪光；翼上覆羽上部及翼端黑色。嘴深红色、脚红色，飞行或栖立时发出响亮的"kee，kee，kee，kee"尖叫声，也有沙哑的"chewer，chewer，chewer"声。在中国北纬 28° 以南大部分地区均有分布，为常见的留鸟。性格活泼，捕食于旷野、河流、池塘及海边。

普通翠鸟：水边的蓝色闪电

Common Kingfisher, *Alcedo atthis*

小学三年级语文有一篇课文，就叫《翠鸟》。“头上的羽毛像橄榄色的头巾”“背上的羽毛像浅绿色的外衣”“腹部的羽毛像赤褐色的衬衫”等描写翠鸟优美华丽的辞藻语句给我留下深刻的印象。虽没见过翠鸟，但翠鸟的形象一直留在我的记忆当中。

第一次通过望远镜看翠鸟时，内心不禁暗暗惊叹，深处的记忆一下子被唤醒。现实中的翠鸟比想象中的更迷人。它那梦幻的蓝色简直让人难以忘怀，多少鸟友为之痴迷为之感慨。“点翠”这项有名的古代工艺便与翠鸟身上那抹亮丽的蓝色羽毛有关。如今因数量的骤减，翠鸟被列为保护动物，“点翠”这项工艺也被禁止了。

辨识要点

体型约15厘米，近似麻雀大小，上体呈金属般浅蓝绿色，颈侧具白色斑点；下体橙棕色，颏白。幼鸟色暗淡，具深色胸带。橘黄色条带横贯眼部及耳羽。雄鸟嘴全黑，雌鸟下颚橘黄色。叫声为高音调和有穿透性的“cheeee”。中国全境留鸟，主要生境为开阔的鱼塘、河流等。

翠鸟依赖水塘，水塘就是它们的饭桌。它们一般会停留在距离水面较近的树枝或芦苇上，凝视水里的猎物，腹部的橙黄色使得水里的动物误以为它跟树枝是一体的，从而失去警觉。它们眼睛里有一种特殊的结构，使它能够滤过水面的反光，直接穿透水面看到水里的小鱼，方便它搜索猎物。一旦目标锁定，它会像箭一样插入水中，同时它的眼睛能迅速调节，适应在水下的观察，使它入水后也能精准捕获猎物。如此专业地捕鱼，难怪它英文名叫“Kingfisher”——捕鱼王者。

雌鸟

雄鸟

雌鸟

普通翠鸟一天到晚基本都在捕鱼，一般它们在树枝上停留个几分钟就能找到目标，再加上它停留的点都相对固定，要是有耐心的话，在有翠鸟的水面稍等十几分钟总能看到它们在水面捕食的身影。再加上它们在水面掠过的时候基本都会叫，而且还是连续短促“唧唧唧唧唧”地叫。在华南植物园的湖面也有翠鸟的身影，下次逛湖边的时候不妨留心下湖面，听听声音，没准就能发现这蓝色的精灵。

白腰雨燕：黑体白腰闪电

Pacific Swift, *Apus pacificus*

白腰雨燕的爪非常有特点，四趾均向前，可以有效地攀附在树上、岩壁及建筑物上，因此经常能看见垂直的墙面上有白腰雨燕停歇而不会掉下来，但这样一来的代价就是它无法在地面走路，也无法跳跃或是快速爬行（在水平面爬行需要用翅膀为支点而不是用爪）。因此白腰雨燕不在地面活动，因意外而坠落在地面的白腰雨燕一般无法自行起飞。

白腰雨燕的喙看上去很小，而张口时才看得出嘴裂深入到眼睛下方。平时不张嘴显得喙小是因为嘴裂被羽毛遮住了，不过外露在前的喙尖确实也很小。

白腰雨燕为专一性食虫鸟类。除了繁殖季节在城市里常见外，迁徙时也见于山区。相比于小白腰雨燕，白腰雨燕在广州地区没有那么常见。

辨识要点

体型略大（长约 18 厘米）的乌褐色雨燕。尾长而尾叉深，颏偏白，腰上有白斑。与小白腰雨燕区别在于体大而色淡，喉色较深，腰部白色马鞍形斑较窄，体形较细长，尾叉开。成群活动于开阔地区，常常与其他雨燕混合。飞行比针尾雨燕速度慢，进食时做不规则的振翅和转弯。

小白腰雨燕：黑色镰刀

House Swift, *Apus nipalensis*

每逢春末夏初的阴天，小白腰雨燕便会成群地出现在天空中，它们飞行速度快，如同一把把锋利的黑色镰刀在空中飞舞，白色的腰偶尔在逆光角度消失的一刹那闪现。那精湛的飞行技巧，说它们是风的子嗣恐怕并不为过，伴随着那如同一簇利矢蜂拥而出一般的嘶叫，那一道道黑色影子在空中撕破了梅雨季节特有的闷热、潮湿与压抑，竟然送来一份观鸟者才能理解的清爽精神。

辨识要点

中等体型的偏黑色雨燕，识别特征是其镰刀形的翅与白色的腰部，尾凹形。飞行速度快，常伴有明亮的叫声，而且往往飞行高度较高，依其尾部形态和习性易与相仿的家燕区分。

家燕：听说你对我的唾液有兴趣？

Barn Swallow, *Hirundo rustica*

家燕虽然名字里有个“家”字，但它可是妥妥的未驯化的野外物种，叫做家燕也许是因为它常在人们屋檐下筑巢，朝夕相对，人们将它视作了家人一般的存在。从“旧时王谢堂前燕，飞入寻常百姓家”一句可以看出，从古时起家燕就喜欢和人待在一起，活跃大胆的天性也可见一斑。家燕筑巢会给家庭带来好运的传说也使家燕得到了很大的保护。

每年 4 ~ 7 月的繁殖期，家燕常成对出现，鸣声婉转大唱情歌，求偶成功后家燕夫妇会共同筑巢，衔取树枝、草茎、泥混以唾液裹成小泥丸，从下往上堆叠成上开口的碗状，然后在“碗”内铺上干燥的草根、草茎、毛发、羽毛，用唾液黏在巢底。说到这不得不提醒各位吃货不要想着捅家燕的巢来作燕窝吃，吃下去只能是一嘴泥。

家燕善飞行，一天当中大部分时间都在空中回旋，这个嗜好和它的食性有关。家燕主要以昆虫为食，尤其擅于捕捉正在飞的虫，反而隐在草丛中、树洞里的静止的小虫它不容易捉到。这样一来冬天时飞虫数量减少，家燕为了果腹只能向温暖的南方迁徙，当天气转暖它又飞往北方老家繁殖，它们中的一些也会乐不思“蜀”留在南方成为留鸟。

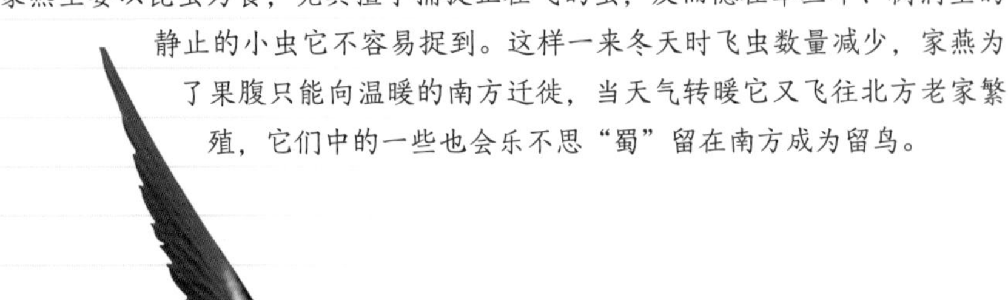

辨识要点

中等体型，（体长约20厘米），头顶至背部深蓝色，下颌至胸红色，腹部是纯净的白色，胸前环有一圈蓝带，尾长且分叉，飞行时可看到尾成明显V形，特征明显易于辨识。

金腰燕：系着金腰带的巧燕

Red-rumped Swallow, *Cecropis daurica*

金腰燕喜欢在高空滑翔及盘旋，或低飞于地面及水面捕捉小昆虫。喜欢降落在枯树枝、柱子及电线上。各自寻食，但大量的鸟常取食于同一地点。有时结大群夜栖一处。

金腰燕与家燕在中国都非常常见，二者体型、大小相似，因为同样有叉形尾羽，这两种燕子就容易被人们混为一谈，不过稍稍仔细观察，凭借金腰燕橙黄色的腰及胸、腹部的纵纹还是很容易把二者区分开来的。

金腰燕的栖息地和食性与家燕相似，均喜在开阔的原野、城镇、村庄活动，主食昆虫，并且金腰燕同样喜欢在建筑上筑巢，每巢产卵 5 枚左右。不过金腰燕巢的形态与家燕巢有比较明显的差异。

家燕的巢由泥和枯草混合而成，比较简陋，因此家燕还有个民间常用名叫“拙燕”；而且它一般在每次繁殖前筑新巢。

金腰燕的巢由细密的泥球混以少量草茎黏合而成，整体规模大于家燕的巢，且外形比较整洁、精致，因此金腰燕的民间常用名是“巧燕”。金腰燕通常会使用前一年的旧巢繁殖，但每年会对旧巢进行翻修。

辨识要点

一种体长约 18 厘米的燕。橙黄色的腰为本种最为显著的特征，也因此得名金腰燕。浅栗色的腰与深钢蓝色的上体成对比，下体白而多具黑色细纹，尾羽呈明显的深叉形，外侧尾羽延长出两条细线。飞行时会发出尖叫声，于飞行中容易辨识。

麻雀：害鸟？益鸟！

Eurasian Tree Sparrow, *Passer montanus*

麻雀同样是一种与人亲近的鸟类，全国各地均有分布。在人与自然和谐相处的地方，常常可以见到麻雀成群在草地上啄食、在电线杆上鸣叫，与人距离甚至不超过1米远。这时可清楚地见到它们脸颊的小黑斑和它棕褐色身体上夹杂的黑色羽毛。人们经常认为自己见到的小鸟都是麻雀，可却从未认真观察过真正的麻雀到底长什么样子。也许当你真正了解了麻雀，观鸟也就入门了吧。

辨识要点

体长约14厘米，整体呈棕褐色，其中眼先、喉部、嘴呈黑色，颊部白色且有一块黑斑（其他麻雀均无），褐色飞羽夹杂黑色斑纹，脚粉红色。常栖息于居民点和田野附近，白天常见其成群活动，四处觅食，在地面时双脚跳跃前进，鸣声喧噪。

麻雀为杂食性鸟类，夏、秋主要以禾本科植物种子为食，因此在粮食匮乏、知识也匮乏的年代，我们曾对它们进行过大规模的围剿。但是我们也应该看到麻雀还吃虫子，对有害昆虫的控制起到了非常大的作用，事实上在麻雀多的地区，害虫特别是鳞翅目害虫的数量明显要少于其他地区，这方面它们对农业生产又有积极的贡献。此外，麻雀还会吃草籽和人类遗弃的食物，所以经常可以在饭堂、餐馆附近见到它胖胖的身影。

白鹡鸰：我是“jilin，jilin”

White Wagtail, *Motacilla alba*

“jilin，jilin”。咦，是谁那么自恋老是在叫“机灵，机灵”？这位自恋的家伙，就是本文的主角——白鹡鸰。

白鹡鸰的英文名 White Wagtail 翻译成中文即摆动尾巴的白色鸟儿，说的就是白鹡鸰上下不停摆动尾巴的习性，以及全身主要是白色，真是鸟如其名啊！白鹡鸰因其脸颊白色，又被叫做白面书生。它的头顶、后颈和背上黑色，就好像戴了一顶黑色的帽子，披着一件黑色的披风外套。在草地或水边漫步，就好似一位绅士的男子在悠然自得地散步。直到有一天我在家乡的一条小河边的垃圾堆里发现了白鹡鸰的身影，才彻底打翻了白鹡鸰在我的心里绅士般的美好形象，那时，它正在垃圾堆里翻找食物，我看着它，心里很不是滋味，就像看到了一位落魄街头的“高富帅”。此时，一位阿姨拿着一袋垃圾，顺势扔向了正在专心觅食的白鹡鸰，和我一样，它被惊吓到了，迅速飞起，边飞边叫“jilin，jilin”，好像在跟其他鸟儿朋友说，“这里有危险，兄弟们快走。”

白鹡鸰主要以鞘翅目、双翅目、鳞翅目等昆虫为食，如象甲、叩头甲、米象、蝗虫、蝉、螽斯、蛾、蚜虫的蛹和昆虫幼虫等。此外也吃蜘蛛等其他无脊椎动物，偶尔也吃植物种子、浆果等植物性食物。在池塘的水面上，我们经常可以看到白鹡鸰捕捉虫子的身影。

辨识要点

体长约 20 厘米。前额和脸颊白色，头顶和后颈黑色。体羽上体灰色，下体白，两翼及尾黑白相间。属广州地区常见的鸟类，在中国有广泛分布。喜滨水活动，多在河流、湖泊、水库等水域岸边活动，停息和行走时长长的尾巴上下不停地摆动，像是在打节拍。

白鹡鸰的飞行姿态很特别，一上一下呈波浪式。有时还边飞边鸣。鸣声似‘jilin，jilin’，声音清脆响亮。也正是因为白鹡鸰特别的飞行姿态和鸣叫，才让它很容易被人们发现。其实在我国文学史上最早的诗歌总集《诗经 · 小雅 · 常棣》里，就出现了鹡鸰的身影，“脊令在原，兄弟急难”，诗句中“脊令”通鹡鸰，朱公迁释义道：“鹡鸰，飞则鸣，行则摇，有急难之意”，描写的就是鹡鸰边飞边叫，上下不停摆动尾巴，古人以为是其在为有难的兄弟奔走呼叫，因而“脊令”成了兄弟间互助、互济的代名词，白鹡鸰也被喻为“兄弟鸟”。

橙腹叶鹎：大树的橙绿色胸针

Orange-bellied Leafbird, *Chloropsis hardwickii*

橙腹叶鹎是那种一见到它就可以马上确定身份的鸟儿。一来，它的颜色组成独特而鲜艳，与它同属的鸟儿在中国几乎没有分布；二来，其体型也使它不可能跟小它几圈的美丽鸟儿混淆（如太阳鸟）；三来，它有着鹎类所独特的圆润流线体态，与另一种体态更修长的华服爱好者蜂虎也相去甚远。因此，如果你看见了它，唯一需要做的就是好好观赏那阳光下闪着青翠光芒的身影。

雌鸟

也许正是因为其衣裳炫酷，橙腹叶鹎很是喜欢展现自己。它们是十分喜欢热闹的鸟儿，经常三五只聚在开了花的树上，从不曾长久停留，而是来回地飞着。你若以为它们在吸食花蜜，那便是上当了，它们更加钟爱的是树上的昆虫和果实。围着花上下飞舞，估计只是把那里当做自己的舞台吧！

雌鸟

如果你想要在广州一饱眼福，在下倒是可以推荐一个好去处：华南植物园的兰园和苏铁园。橙腹叶鹎时装秀会不时地上演！

辨识要点

颜色亮丽易识，是雀形目叶鹎科的一员。多分布于中国长江以南。雄鸟头顶为黄绿或蓝绿色，背部及大部分翅羽为叶鹎科共有的鲜嫩的草绿色，而翅边缘及飞羽则为紫黑色；眼部下方有两条色带，上者黑下者钴蓝；喉、胸部为黑色，接连着腹部一整片的橙黄色。相比之下，雌鸟的蓝色偏淡，无黑色部位，且腹部橙黄色区域偏小。

雄鸟

雌鸟

雄鸟

红耳鹎：红内裤外穿的绅士

Red-whiskered Bulbul, *Pycnonotus jocosus*

辨识要点

体长约20厘米左右，黑色的羽冠长窄而向前倾斜，黑白色的头部有明显的红色耳斑，臀部红色。亚成鸟没有红色的耳斑，臀粉红色。嘴和脚都是黑色的。

栖息于各种农田、林地和城市公园中的红耳鹎是华南植物园最常见的鸟类之一，也是最好辨认的鸟类之一。独特的羽冠赋予它出众的气质，脸上的“腮红”也让它显得俏皮可爱。臀部的一块红色让它像一个内裤外穿的小超人，上体偏褐色的羽毛又酷似绅士披着的西装。在我所见过的鹎类中，红耳鹎的叫声是最好听的。它们喜欢群栖，喜欢在小枝头唧唧叫。在华南植物园，这是一种很受小朋友喜欢、也是很让飞羽

志愿者感激的鸟类呢！相比其他鸟类，红耳鹎更容易进入单筒望远镜视野，这种鸟类也成了许多小伙伴在单筒里面看到的第一种鸟类。鹎类的鸟多为广东地区的留鸟，留鸟终年生活在繁殖地。因此在广东的小伙伴常年可见到这些小精灵哦！

白头鹎：桧丛丛啭惬新晴

Light-vented Bulbul, *Pycnonotus sinensis*

白头鹎俗称白头翁，因成鸟后脑勺位置簇生白色羽毛，这是白头鹎最明显的特征。另一个比较明显的特征是白头鹎的双翼和尾羽均为橄榄绿色。

白头鹎年龄越大，枕羽便越白，故中国传统文学中常将白头鹎与“愁”联系在一起。但其实白头鹎性格十分活泼，而且不太怕人，经常在树林间穿梭，在树枝间跳跃，成群结队，放声高歌，无忧无虑，好不快活。

白头鹎喜欢伫立于树木顶端，环视四周，有一种睥睨天下的气势，事实也是如此。白头鹎适应能力很强，不管是在公园、校园还是市区的植被中，它都具有很强的优势。

白头鹎是留鸟，一年四季都可以看到。每到秋冬之际便成群结队，一起觅食一起休憩。到了春天雄鸟便开始划定领域进行求偶，到了春末夏初，它进入繁殖期，会出现“群聚”现象，聚集在树林间唧唧喳喳地喧叫。值得一提的是，白头鹎的“白头”部分在繁殖期会比非繁殖期蓬大一些，当它立于枝头时，“白头”蓬松而立，从正面看上去就像戴了一顶白色的“法官帽”。

辨识要点

体长约19厘米，头顶黑色略具羽冠，眼后一白色宽纹伸至颈背，双翼、尾羽为橄榄绿色，胸部横贯以灰褐色的带斑，胸以下为白色。幼鸟、亚成鸟头部橄榄色，没有白色的枕羽，整体呈灰色。主要分布于我国长江流域及其以南地区，为留鸟。

大拟啄木鸟：林间彩虹鸟

Greater Barbet, *Megalaima virens*

第一次出野外的时候，鸟类调查的师傅听着远处起伏的鸟叫声，转过头跟我说：大拟啄木鸟，两只，记下来。当时我就纳闷了，光听叫声就能辨鸟？后来师傅说，大拟啄木鸟一般藏在林间，不好辨认，但那声音很独特。依靠着那些独特的鸟叫声就可以做到听声辨鸟。

大拟啄木鸟叫声悠长，有节奏感。在华南植物园经常能听到它们悠长的叫声，但也一直未能见其影，算是个小小的遗憾。摩挲着图鉴上的大拟啄木鸟，黄的嘴，乌黑的明眸，红的绿的蓝的羽毛，相映得非常漂亮，我满心期待有一天能亲眼见到林间这迷人的“彩虹鸟”。

辨识要点

体型大（长约 30 厘米），头大呈墨蓝色，草黄色的嘴特大。上体多绿色，腹黄而带深绿色纵纹，尾下覆羽亮红色。嘴浅黄而端黑，脚灰色，通常叫声为不断重复悠长的“piho，piho”声，但也发出其他叫声，包括对唱时粗声大气的反复的“tuk，tuk，tuk”叫声。中国南方常绿林中相当常见，飞行如啄木鸟，升降幅度大。

黄胸鹀：让我们重新认识“禾花雀”

Yellow-breasted Bunting, *Emberiza aureola*

黄黄的肚子，黑黑的头，经常会一小群一小群地在农田附近出现，叽叽喳喳，有些不怕人的会在地上蹦蹦跳跳地一点一点往前挪动靠近你，仔细看看你，好像是要跟你交朋友。这有点丑萌丑萌的小精灵本来是广州附近地区相当常见的冬候鸟，然而在短短几年间数量锐减。幕后黑手便是一些“好吃”的人，他们的“口下无情”导致这么可爱的禾花雀数量锐减。不要食用禾花雀，因为它们还不能像我们吃的家禽一样可以饲养。毫无节制地对大自然一味索取，不仅禾花雀会被吃到灭绝，人类的生存也将面临灾难。

辨识要点

体型中等（长约15厘米）的鹀。雄性头黑，后枕棕色，翅膀上有两杠明显白色横纹，背部花纹杂颜色并以深棕色为主，黄色半环围绕着喉部，黄色下是棕色与后枕连接起来的环。雌性头部有黄色眉纹，脸部淡棕色，头顶至背部皆以棕色为主，背部也有杂的花纹，翅膀也有没那么明显的两横杠白纹。雌雄鸟胸腹皆为黄色，两胁下方有条形黑斑纹，嘴巴比较钝且短，尾巴为黑色且较长，肛门附近的毛为白色。喜好成群出现在低矮芦苇丛中。叫声为叽叽喳喳一大堆一起叫。

白喉红臀鹎：高枝上面一颗球

Sooty-headed Bulbul, *Pycnonotus aurigaster*

白喉红臀鹎是一种比较常见的鸟，它最明显的特征便是血红色的臀部，但这是成鸟才有的特征，幼鸟和亚成鸟的臀部并不是血红色而是黄色的。有一种红耳鹎臀部也为红色，形态与白喉红臀鹎非常相似，区分它们主要有两点：一是白喉红臀鹎羽冠较矮而红耳鹎羽冠较高；二是红耳鹎胸部两侧有黑色横带而白喉红臀鹎没有。

白喉红臀鹎比较“顽皮”，经常会混入红耳鹎群中当“卧底”，让人傻傻分不清，如果想把它从鹎群中认出来，则需要我们仔细地去观察。

白喉红臀鹎生性活泼，善鸣叫，喜欢立于高枝之上，且喜欢在枝头间跳跃或辗转飞行于相邻树木的树枝间，它圆滚的身体落于高枝上时常会使得树枝上下摇晃。它喜欢停歇于枝头上舒展身体，让羽毛蓬松，羽冠竖立，此时原本就圆滚的身体会显得更加圆滚，非常可爱，同时它会用嘴不断地整理羽毛，或是“放声高歌”。它的叫声常表现为悦耳的笛声及响亮的粗喘声“chook，chook”。

白喉红臀鹎喜欢结群活动，加入飞羽后我便开始留意身边的鸟，我发现宿舍后山树林中总能有白喉红臀鹎出没，经常能看到三五个“大圆球”并排挤在树枝上，一起整理羽毛一起唱歌，那画面很是令人欢喜。

辨识要点

体长约 20 厘米，颏及头顶为黑色，喉部大体白色，略有一部分为黑色。两翼黑色，上体为灰褐色，尾上覆羽近白色。下体白色或灰白色，臀羽血红色。尾羽灰褐色，尾羽端部为白色。嘴和脚均为黑色。分布于中国南方、东南亚等地。

领雀嘴鹎：鬼斧神工的黄雀嘴

Collared Finchbill, *Spizixos semitorques*

第一眼看到它并不会把它和鹎联想起来，而是诸如画眉鹦鹉等各种各样奇怪的类群都能在脑海中井喷一样的蹦出来，再仔细看照片，会觉得它的喙甚至有点像猛禽——确实如果问它身上的点睛之笔是什么的话，我想就是它的“雀嘴”。那仿佛打磨过的淡黄色配上优美的弧线，让人不得不钦佩自然创作的神来之笔。

辨识要点

体型较大的偏绿色鹎（体长约21厘米），识别特征是黑色的头部与鲜明而短锐的喙，极易识别，常集小群栖息于次生植被或者灌丛中，取食昆虫。

鹊鸲：活泼可爱的"奥利奥"

Oriental Magpie-Robin, *Copsychus saularis*

鹊鸲羽色黑白相间且两翼具白斑，这与喜鹊非常相似。但区分鹊鸲和喜鹊还是比较容易的，首先，喜鹊的体型要比鹊鸲大上一倍；其次，鹊鸲外侧尾羽为白色而喜鹊尾羽全为黑色，鹊鸲在比较安静的时候一般将其白色的尾羽藏在黑色尾羽下面不易看见，而一旦飞起来两侧的白色尾羽便会伸展开来，非常显眼。

辨识要点

中等体型（体长约20厘米）。雄鸟胸部及上体黑色并具光泽，下体胸部以下为白色，两翼黑色且中部具一道白色纵斑，中央三对尾羽黑色其余白色。雌鸟与雄鸟相似，但灰色取代黑色部分。亚成鸟与雌鸟相似，但羽色较为斑驳。分布于中国南方，南亚以及东南亚地区。

雌鸟

雄鸟

雄鸟

记得在华南植物园看到的第一只鸟便是鹊鸲，刚开始观鸟的我凭“黑白”“奥利奥”这两个特征把它认了出来，那时感觉就好像遇到了久违不见的老朋友，充满欢喜。我仔细地观察它，发现它行走时像“僵尸跳”，跳跳停停，而且它还很喜欢翘尾巴，当它的尾垂下之后又会骤然翘起，非常有趣，从此之后我便对鹊鸲留意有加。有一次在查资料时发现它原来还有个俗名——屎坑雀，这个名字顿时唤醒了我的记忆，在农村度过童年的我怎能忘了那经常在茅坑吃虫子的“屎坑雀”呢？依然记得儿时大人们为了不让我们拿石头去扔它们，便吓我们如果打了“屎坑雀”就会一整天行衰运。直到这时我才知道原来它们吃的大都是农林害虫，是人类的好朋友，而且它们十分爱干净，会经常到浅水区域洗澡。我想，如果大人教育孩子时能用教导的方式而不是恐吓，效果应该会更好一些吧。

雌鸟

东亚石䳭：效率至上的居家好手

Stejneger's Stonechat, *Saxicola* stejneger

在䳭类中，东亚石䳭是在中国最常见的一种，基本除了在内蒙古和西藏地区少有外，大江南北都能看到它的身影。而它们喜爱停驻的地方也与别的鸟不同：一般鸟儿喜欢藏身于茂密的树林中，而它则特立独行地喜欢站在树顶枯枝、电线杆顶等“视野”辽阔的地方，如同吟游诗人一般登高望远。而它们的叫声也确实像在吟诗：一声高音调的短音，接着几声像是咂嘴的低喃，仿佛真的在思索接下来用哪个字一样。

雌鸟

辨识要点

体长约 13 厘米，雄鸟头部与喉部为黑色，背部和翅羽为棕栗的斑纹；颈侧有白色白斑，从颈延至腹部颜色由浅栗色渐变为白色；外侧尾羽为黑色，隐约可见白色尾羽。同样，相比之下雌鸟更加朴素，黑色全部替换成棕栗色，整体着装也偏淡。

在众多美丽的鸟儿中，东亚石䳭不算出众，但它胜在有一双十分有神的黑溜溜的眼睛，配上一身棕黑色的羽毛，你会觉得它像一只可爱的小玩具熊，目光里透着呆萌和天真。不过别被它的眼神欺骗了，当捕猎起虫子时，它是异常矫健的，能以极快的速度俯冲到地面上，得手后又立刻返回原地。这可是一只效率至上的鸟儿呢。

雄鸟

不仅吃上很讲究，在居住条件上东亚石䳭也要求严格。相比其他的鸟儿搭好窝就该干嘛干嘛，它们还会在内里垫上狍子毛、马毛等兽毛和其他鸟类的羽毛以追求舒适。怎么样，是否希望向这么一位居家好手取取经呢？

北红尾鸲：冬天的精灵球

Daurian Redstart, *Phoenicurus auroreus*

北红尾鸲几乎只吃昆虫，它的食谱中 80% 都为农作物、林木害虫，因此它们是人类的好伙伴之一，也被国家列入国家保护的有重要生态、科学、社会价值的陆生野生动物（“三有保护动物”，其实本书几乎所有鸟类都是“三有”哦）。它们喜欢在地上蹦跶，常流连于低矮树丛、灌木丛啄虫子，而懒于高空飞翔。停歇的时候，会不由自主地上下摆动尾巴或者点头，透着一股子呆呆的性格。

辨识要点

体长约 15 厘米，无论雌雄，尾羽都是橙红色的；除此以外，雄鸟更是从腹部开始一路红到底。北红尾鸲的雄鸟羽色对比鲜明，它的背、翅、颈、颊为黑色，头顶为深灰色，翅上另有一明显的白斑；而雌鸟则逊色一些，仅保留翅上白斑，其余除尾部外都呈黄棕色。

虽然不喜欢在深老林子里钻，可它们又比较害羞，不愿像乌鸫那样暴露在人们视野中。若要寻它，可以根据那特有的停顿、节奏均匀的“滴，滴，滴”尖细声来辨别位置，相信可以很快找到那圆润的身影。

如果你在网上搜索“北红尾鸲”，会发现很多人在咨询逮捕和饲养的问题。这其实是法律禁止的事情！想要一睹其风采，还是建议大家到户外去，呼吸新鲜空气、锻炼身体的同时，还养眼哦！

雌鸟

雌鸟
雌鸟
雄鸟

乌鸫：情歌小王子

Chinese Blackbird, *urdus mandarinus*

同学A（于广州某公园）："看，地面上有一只乌鸦在走动！咦，那边又来了一只乌鸦！好像另外一只乌鸦跟前面这只不太一样……"

同学B（观鸟小能手）："前面那只不是乌鸦，是乌鸫，后面那只也不是乌鸦，是八哥。"

辨识要点

体型略大（长约29厘米）的全深色鸫。雄鸟全黑色，嘴橘黄，眼圈略浅，脚黑。雌鸟上体黑褐，下体深褐，嘴暗绿黄色至黑色。鸣声甜美，常见于中国大部分林地、公园及园林，常在地面取食，静静地在树叶中翻找无脊椎动物、蠕虫，冬季也吃果实及浆果。

在我们的教材里，全身乌黑的鸟绝大部分是乌鸦，然而在南方地区，我们所见到的几乎全身黑色的这种鸟，更多的是乌鸫，少数时候是八哥。无论是乌鸫还是八哥，跟乌鸦的体型相差都非常大，乌鸦体长是乌鸫的两倍多。还要注意一个地方，课文里的乌鸦，一般是大嘴乌鸦或者小嘴乌鸦，它们确确实实是全身乌黑的，咱们的乌鸫，嘴巴跟脚不都是黑的，成鸟的嘴是黄色的。此外，它们的眼眶和脚也是黄色的。

相反，北方乌鸫是很少见的，更多见的是乌鸦，北方的观鸟爱好者来到南方，

看到乌鸫都兴奋得不得了，同样南方的观鸟者去到北方看乌鸦，也会兴奋得了不得，观鸟有时候就会有这样一些有趣的小故事发生。私以为南方人比较幸运，因为乌鸫比乌鸦叫声好听。乌鸫有一个小外号，叫“百舌鸟”，意思是它在春天时歌声婉转动听，犹如百舌鸣唱。刚开始观鸟我是不信的，毕竟有时候看到乌鸫起飞也就沙哑地叫一两声。直到有一次傍晚，到了一小片林地，听着一只乌鸫独自在枝头鸣叫，那声音婉转多变，才感叹到乌鸫确实是“情歌小王子”。

灰背鸫：鸫的哲学

Grey-backed Thrush, *Turdus hortulorum*

灰背鸫算是比较不怕人的鸟类之一，尽管比不上它那个天天在草坪上蹦跶的黑色兄弟灰背鸫，但是往往在林下总是不太忌惮人类的存在。它们翻找落叶的样子看起来是相当有趣味的——翻一下，停下来几秒，再翻一下，再停下来几秒。说不定它们就是干一下，想一想，再干一干，实践和思想相结合。在人类社会里运行不悖的道理在它这里也能找到一些似有似无的迹象——呵，竟有了些哲学的意味！

辨识要点

体型略小（长约 22 厘米）的灰色鸫，识别特征是橙色两胁及翼下与白色胸上具有的黑色点斑。常见栖息于林下生境。它们常翻枯叶堆寻找食物，同生境常可见其他鸫类，应根据形态和地域分布情况小心区分。

乌灰鸫：胸前有墨挥洒成

Japanese Thrush, *Turdus cardis*

乌灰鸫常在地面“跶，跶，跶，跶”疾走。它若是突然停下来，那么原因只有两个：一是四处张望；二是翻找地面看看有没有吃的。鸫就是这样，不是在吃就是在玩。虽然与鸫类的大哥大——乌鸫相比，乌灰鸫唱起情歌来还是差了一截，但是胜在颜值还是挺高的，它腹部的斑点可是鸫界时尚的象征哦。

辨识要点

体型较小（长约22厘米）的鸫。雄鸟背、头、前胸都为黑色，白色腹部有黑色斑纹，雌性头、背部为棕色，两胁橙红，从喉部至腹部皆有黑色斑点，嘴为鸫类常见的细尖嘴巴，尾巴不时翘起，常于林中下层或路面走动，较爱停在地面上，有在地面寻找食物的习惯，雌性在正面的角度容易与灰背鸫混淆，但仔细看腹部是否有斑点就能分辨出来。

黄腹山鹪莺：叶间一声猫轻吟

Yellow-bellied Prinia, *Prinia flaviventris*

黄腹山鹪莺与长尾缝叶莺远看相似，但是细看，长尾缝叶莺有显著棕褐色头部，而黄腹山鹪莺腹部黄色，是极为显著的特征，两者的嘴形也有所不同。黄腹山鹪莺与纯色山鹪莺更是难区分，确切的识别方法便是凭叫声。黄腹山鹪莺有似小猫咪轻柔的叫声，弱而哑；而纯色山鹪莺的叫声单调平缓，有时急促。

黄腹山鹪莺喜栖于芦苇沼泽、高草地及灌丛。甚惧生，喜藏于高草或芦苇中，仅在鸣叫时站立于高枝，拍打着翅膀时发出清脆的声响，楚楚可人。当它在枝头鸣唱的时候，会引人不经意间驻足，听上一会儿。人们离开时会温柔地给予它一个微笑，静静地带走歌声和回忆就好，那个俏皮可爱又喜欢翘着尾巴的身影，早已印进心底里，它叫黄腹山鹪莺呀。

辨识要点

也叫灰头鹪莺，是体型略大（长约13厘米）而尾长的橄榄绿色鹪莺。喉及胸白色，胸以下及腹部黄色。头灰，有时具浅淡近白的短眉纹；上体橄榄绿色；腿部皮黄或棕色。换羽导致羽色有异。繁殖期尾较短。警报声似小猫的叫声，繁殖期有急促轻快的歌声。

黄眉柳莺：在树丛中玩“躲猫猫”的小精灵

Yellow-browed Warbler, *Phylloscopus inornatus*

黄眉柳莺的三级飞羽的羽缘和端斑皆为白色，这是该种重要辨识特征。黄眉柳莺的典型叫声为尖细的“zi，wi（第二音节上扬）”，这种鸣声是辨识柳莺的另外一种重要方法。

黄眉柳莺是中国东部最常见的柳莺之一，在东北繁殖，越冬于长江以南地区，迁徙时主要经过华北、华南及中部地区。

黄眉柳莺非常活泼，常集群且与其他小型食虫鸟类混合，喜较低海拔的阔叶林，也会在混交林和针叶林中活动。黄眉柳莺喜欢在树叶遮掩的枝丫间蹦跳，因而常被人们忽略掉。即便是观鸟者想要寻找它们并观察一番也并非易事——好不容易在树枝树叶的遮掩间看到了蹦跳的小鸟，正要举望远镜看，它就已经蹦到别处去了。

辨识要点

中等体型（体长约10至11厘米）的鲜艳橄榄绿色柳莺，为莺科众多鸟种之一。通常具两道明显的近白色翼斑，具纯白或乳白色的眉纹而无可辨的顶纹，下体色彩从白色变至黄绿色。

黄腰柳莺：悬停在枝头的柠檬黄

Pallas's Leaf Warbler, *Phylloscopus proregulus*

黄腰柳莺体型娇小、羽色朴素与环境融为一体。它们几乎全身为橄榄绿色，十分接近树干和树叶等颜色，并且喜爱在密林里活动，因而想要寻找它们观察一番也并非易事。且莺科被认为是最难辨识的类群之一，各种莺的颜色和纹都极相似。

辨识要点

中小体型（体长约9厘米）的背部绿色的柳莺。腰柠檬黄色；具两道浅色翼斑；下体灰白，臀及尾下覆羽沾浅黄；具黄色的粗眉纹和适中的顶纹；新换的体羽眼先为橘黄色；嘴细小。栖于亚高山林，夏季高可至海拔4200米的林线。越冬在低地林区及灌丛中。

有句辨识口诀“黄腰眉黄，黄眉腰黄”说的就是黄腰柳莺和黄眉柳莺。黄腰柳莺和黄眉柳莺非常像，但通过这句有趣的口诀就可以轻松地区分它们。除此之外，相较于黄眉柳莺，有着西瓜纹头的黄腰柳莺经常会在枝干附近悬停，悬停的黄腰柳莺总会秀出它亮眼的黄色腰部。有时候在林间看到一抹赏心悦目的柠檬黄在半高的枝头附近晃悠时，也许就是可爱小巧的黄腰柳莺出现了。

长尾缝叶莺：拾起绅士的余音

Common Tailorbird, *Orthotomus sutorius*

长尾缝叶莺的名字奇特。长尾是形容它极有特色的细长的尾羽，缝叶则是来自它独特的巢的结构。它的巢一般由一或两片树叶缝在一起，形成杯状，承托细小的圆形巢。

长尾缝叶莺繁殖期喜在小路边相对暴露的灌木丛里筑巢，幼鸟往往有落入顽皮小孩手中的风险。每一只幼鸟都是一个鲜活的生命，不需多日它们就会变成认真啼唱的莺，让人甚是惋惜。

杜鹃鸟懒，常常会选择巢寄生来繁衍下一代，不幸的是，长尾缝叶莺就会被选中。杜鹃产一个蛋在长尾缝叶莺的巢中，然后把原巢中的一个蛋偷走。孵化后的杜鹃雏鸟会本能地挤走其他雏鸟或者蛋，等着长尾缝叶莺辛苦地捕食回来喂养，甚至有时，杜鹃雏鸟比长尾缝叶莺成鸟的体型还大，这也是大自然奇妙的现象吧。

辨识要点

体型较小（长约 12 厘米）的棕顶冠而腹白的莺。尾长而常上扬；前额和头顶红褐色，眼先及头侧近白；背、两翼及尾橄榄绿色，下体白而两胁灰。于繁殖期雄鸟的中央尾羽由于换羽而更显延长。叫声为极响亮而多重复的“ji，ji”声，喜栖息在林中下层植被中。

黄眉姬鹟：初见惊艳 再见依然

Narcissus Flycatcher, *Ficedula narcissina*

从香港观鸟回来，一回到学校就直接去上课了，旅途疲惫加上枯燥的课程，难免让人的精神更加低靡。但是没有想到比兴奋剂还管用的是黄眉姬鹟。

下课后回宿舍的路上路过小树林，眼前一个黑黄两色的影子掠过，脑子里跟搜索引擎一样跳到黄眉姬鹟的页面，手也全自动地找出望远镜——真的是黄眉姬鹟。这是一只雄性的黄眉姬鹟，上身为黑色，下体为橘黄色，长的黄色眉纹和白色翼斑是区分它和其他姬鹟的显著特征。

辨识要点

体型较小（长约13厘米）的黑黄两色姬鹟，上体为黑色，下体橘黄，具有黄色腰部和白色的翼斑，眼纹为黄色。迁徙时经过中国华南及华东。

疲惫劳累一扫而光，这是我第一次看到黄眉姬鹟。它停留在矮树的树枝上，小树林的林下层为它提供了舒适安全的环境。黄眉姬鹟繁殖于东北亚地区，冬天则迁徙到东南亚地区越冬，对于华南地区来说，黄眉姬鹟是过境鸟，一年之中能够见到的也是难得过境的那几天。

此后的几天里我在校园的其他角落都能看到黄眉姬鹟，只是每一次都不是在同一个地方。黄眉姬鹟不甚怕人，在校园里犹如在自家的花园中，休憩、捕食，自由而快活，无人打扰。我想，要么就是漫漫迁徙途中的劳累让它像我一样已经只专注于休憩和觅食，要么就是校园环境的静谧和对人的信任让它放下了对人类的戒心，但我更希望是后者。

寿带：长尾飘飘欲比仙

Amur Paradiseflycatcher, *Terpsiphone incei*

寿带的英文名直译过来就是天堂鹟的意思，如果看过天堂鸟的纪录片或者图片，你大概就了解为何它的名字叫“天堂鹟”了。它拥有与鹟一般的活跃度以及习性，有时候你刚看到它，它就离你而去。别怕，稍等一会儿，它只是去找点儿“道具”或者摆个更好的 pose 让你看、让你欣赏而已。时而甩头晃脑，时而耍耍嘴中的“道具”虫子，像是在展示自己有多厉害多漂亮呢。本以为长尾巴会影响它在林中翻飞，然而事实上恰恰相反，那长长的尾巴像是为它娇小的身姿增添一道靓丽的风景线。它在广州春夏季比较常见，但是有时候会与其他鸟类混群，你可要仔细留意啦！

辨识要点

中型偏大（体长约 18 厘米）的鹟，嘴部细而短，雄性尾部在繁殖期时长，雌性尾部短，有白色及棕色两种形态。头部及喉部皆为深蓝偏黑，白色型胸部为全白，棕色型胸部为由头部至胸部的渐变淡灰蓝色。头顶有不容易看到的羽冠，只有警戒的时候才会立起来。眼眶为钴蓝色，阳光照射时颜色会有变化。声音为急促而又短暂尖锐的“叽，叽，叽，叽，叽”声，长尾羽的情况下尾与身体的比例约 1.5 ∶ 1，喜好在林中开阔干净树枝上站立。

方尾鹟：媚眼方尾身娇小 歌声只叹无人知

Grey-headed Canary-Flycat, *Culicicapa ceylonensis*

一道橄榄绿色和黄色融为一体的闪电在你眼前一闪而过，时而停留时而活跃，不用怀疑，正是我们可爱的方尾鹟，小小只，有着鹟可爱的身姿与动作。方尾鹟虽娇小却又戴着头冠，头部虽然是灰色的，但是经过眼圈淡淡的白色点缀，整只鸟都仿佛精神了起来，犹如一只迷你版国王傲然不失尊贵。每当它鸣叫时，那声音总让人联想到"啧，啧，啧，啧，啧，我这么好看你都不来看我，真是太可惜了，啧，啧，啧，啧，啧，啧。"

辨识要点

体型偏小（体长约 12 厘米）的鹟，尾短而平，四四方方的，因此得名方尾鹟。头灰色，略微有点凸起的头冠，嘴部细而短，背部为橄榄绿色，腹部为黄色，叫声为轻柔而连续的"啧，啧，啧，啧，啧"。较活跃，喜好在茂密的灌木丛中跳跃，在林中易与灰眶雀鹛混淆，但仔细看还是容易分辨出来。

红嘴相思鸟：愿君多邂逅，此物最相思

Red-billed Leiothrix, *Leiothrix lutea*

古时候的人总是看到一种鸟成双成对地出现在枝头上欢唱，古人觉得这是一种吉祥且忠贞的小鸟，便称其为相思鸟。这大概就是红嘴相思鸟名字的由来吧。

事实上，红嘴相思鸟雌雄并不容易区分。喙红色，头顶黄绿色，眼先、眼周及耳羽为淡黄色；背部及两翼为橄榄色；初级飞羽基部红色，端部黄色；次级飞羽基部黄色，其余部分为橄榄绿色或暗绿色；红黄相间的两翼非常亮丽，与橄榄色的上体形成鲜明对比，为本种最为显著的辨识特征之一。雌雄羽色唯一区别是雌鸟的红色翼斑较雄鸟淡。

红嘴相思鸟为中国中部至南部的常见留鸟，在冬季的南方城市公园的林地和灌丛中就能轻易见到它们活跃的身影。

辨识要点

色艳小巧可人的（体长约 15.5 厘米）鹛类。具显眼的红嘴。上体橄榄绿，眼周有黄色块斑，下体橙黄。尾近黑而略分叉。翼略黑，红色和黄色的羽缘在歇息时成明显的翼纹。鸣声细柔但甚为单调。叽叽喳喳喜欢成群栖于次生林的林下植被中。

红嘴相思鸟具有比较典型的鹛类习性——性活泼且喧闹，鸣啭响亮而婉转，一般不惧人，喜集小群活动，主食昆虫。红嘴相思鸟因其悦耳的鸣声和亮丽的羽色成为中国最著名的笼养观赏鸟之一，是鹛类除了画眉以外最常见的笼养鸟。然而，这些常见的笼养鸟却全是从野外抓捕而来的野鸟，冠上人工繁殖的名头或是以毫不掩饰的商业目的拿来大量贩卖。而从野外抓鸟到贩卖到各家各户的过程中又是死伤大半、幸存者少，更别提有些为了一己私欲所谓的“放生”行为对它们造成的伤害。各大放生团体以及个人都十分喜欢“放生”这些被抓捕来的红嘴相思鸟，买来饿着也不喂食喂水，再放到那些本就不是这些鸟平时活动的环境中，更甚者冬天在北方放飞——这无论如何也不能够叫放生，这种条件下被放飞的鸟很快就会死去。而但凡有这样的市场需求，就会有更多的人为了钱而去抓捕更多的鸟。希望这种行为能早日被有效的禁止，还给鸟类以真正的自由。

黑脸噪鹛：林中蹦跳的面罩行者

Masked Laughingthrush, *Garrulax perspicillatus*

这最不起眼的大家伙，声音却意外的吸引人。黑脸噪鹛肥胖的体型经常会把树林里的落叶枯枝弄得沙沙作响，并且它往往能发出尖锐的具有极强穿透力的鸣声，引起人们的注意。然而当人们寻觅这只大家伙时，却难以发觉眼前通体棕色、只有脸蛋一块是黑色的它，纷纷不由感慨它高超的伪装技能。

辨识要点

体型略大（体长约 30 厘米）的鹛，全身以棕色为主，只有脸与额为黑色，下腹部棕色偏灰，肛部为亮棕色。单个的时候不会发出太多声响，叫声如“咕咕咕叽”，但是一堆的时候叽叽喳喳非常大声吵闹且有鹛类典型的尖锐叫声，喜好在灌木丛、林中下层及地面活动，喜欢集群和在地面觅食。

黑领噪鹛：密林中的花脸土著

Greater Necklaced Laughingthru, *Garrulax pectoralis*

黑领噪鹛叫起来像是林中的“妖魔鬼怪”一样，“哈哈，哈哈”。要是在夜里的林间听到，实在是挺瘆人的，不过它们晚上都休息的呢。在白天，像是为大家的快乐增添一份笑声一般，在林中跳跃的同时发出“笑声”。它像京剧中人物一般的黑脸，有神的眼睛加上奇特的“脸谱”，一眼就让人不能忘记。大家都说黑领噪鹛这个名字起得不够形象，你觉得呢？

辨识要点

体型略大（体长约 22 厘米）的鹛，头顶棕色，脸上有花纹般的黑白纹，喉部白色，颈上一圈黑环，紧接着黑环是一圈棕黄色的环，背上棕色，两胁棕黄，连接着颈下那一环，但腹部是白色，尾巴在飞起来扇动的时候能见到有白色斑点。嘴巴为鹛类典型的稍细尖但不长的嘴巴，叫声如笑声一般但较短。喜好在灌木丛中下层及地面活动，喜欢集群和在地面觅食。

画眉：广州市市鸟

Hwamei, *Garrulax canorus*

画眉通常在林下的落叶堆里翻找昆虫和水果吃，一般是一对或是几只一起活动。事实上多数鹛类都喜欢在地面活动。

画眉作为广州市市鸟，它们成为广州人最耳熟能详的一种鸟。画眉分布广、较常见，鸣声婉转悦耳且曲调多变，这些使得它成为了中国最常见的笼养鸟之一。然而中国鸟市上贩卖的所有的笼养画眉，来源均为野外捕捉，这并不是法律所允许的，而随着商业性掠夺式捕鸟的泛滥，野生的画眉已经越来越少，甚至从某些地区消失了。

画眉具有画眉科鸟类典型的营巢习性，一般每年繁殖两窝，营造的编织巢一般位于浓密的灌丛或矮树上，而高度较低的巢位也使得它们更容易被大量捕捉。希望随着野生动物保护法规的健全和民众动物保护素养的提高，我们可以越来越多地在青山绿水中而不是鸟笼中听到画眉的歌声。

辨识要点

体型略小（长约 22 厘米）的棕褐色鹛。特征为白色的眼圈在眼后延伸成狭窄的眉纹，因而得名“画眉”。画眉的英文名 Hwamei 也是从中文音译而来。顶冠及项背有偏黑色纵纹。鸣声为悦耳活泼且清晰的哨声。

远东山雀：想要帅，打领带

Japanese Tit, *Parus minor*

远东山雀个头小，体长14厘米左右，大概一个苹果手机的长度，在山雀科中却已是最大的了。

胸前黑色“领带”和双颊白斑是主要辨识特征。见到黑领带配小白脸，有80%把握可以大声说它叫远东山雀了。

亲戚绿背山雀常和它混淆。注意看翼上的明亮白色翼斑，远东山雀只有一道，而绿背山雀有两道。

辨识要点

14厘米，头顶黑色，两颊及腹部白色，背部灰色或橄榄绿色，两翅灰蓝色，翅膀上各有一道白色翼斑。颈部环绕一圈黑色，下颌延伸出一条黑带至腹部。善跳跃，鸣声清脆，常集群活动。

常在山地林间活动，鸣声似“吱吱嘿”，常筑巢于树洞、墙隙、石缝等地，以昆虫为食，是农林业中的重要益鸟。

远东山雀清脆悦耳的鸣声和俊俏的外表让它成了鸟贩的目标，然而它们在人工饲养条件下是无法繁殖和饲养的，也许是不愿意它们的孩子一出世就成笼中囚。虽然远东山雀目前仍未被列入濒危名单，但大肆的捕捉已对它的种族生存造成威胁。其实啊，远东山雀全国广布（除内蒙古和新疆部分地区），它生性活跃胆大，仔细听，它就在我们身边，何必要用牢笼将它拴在眼前？

红头长尾山雀：迷你界的精致美人

Black-throated Bushtit, *Aegithalos concinnus*

第一次见到红头长尾山雀是和朋友在广州华南农业大学校园里参观的时候。中午时分，我们走累了，刚打算在刺桐树下的石凳上休息一会儿，就注意到树上有一群跳来跳去的小影子。当时，按身形大小，我们怀疑是叉尾太阳鸟。举起望远镜查看，发现是红头长尾山雀时，简直快按捺不住欢呼雀跃的心。这又是一种可爱的小小鸟啊！

当时正值 3 月初，刺桐花开，满树红艳。五六只红头长尾山雀不停地在枝叶间跳跃或来回飞翔觅食。边取食边“吱，吱，吱”不停地鸣叫着，声音低弱。

起初看它们老围着花转悠，还以为是吸食花蜜的。但看这樱桃小嘴的模样，又显然不是。后来查了资料才知道，它们吃的原来是花间环绕的小昆虫。

中国并没有分布世界上最小的鸟——蜂鸟。于是，凭借着体型优势，娇小可爱的红头长尾山雀在万鸟丛中脱颖而出，成为中国最小的鸟种。不看尾巴的话，它的躯干大概是成人拇指般大小。长得又虎头虎脑的，煞是可爱！这种鸟在华中华南地区并不少见，华南植物园里自然也有。常见于开花的树枝上，只要你多留心，遇见它的机会可是很大的。

辨识要点

体长9.5至11厘米。头顶栗红色，背蓝灰色，过眼纹宽而黑。颏、喉白色且具黑色块斑。胸、腹白色或淡棕黄色，胸腹白色者具栗色胸带、两胁。山林留鸟，主要以昆虫为食，栖息于山地森林和灌木林间，也见于果园、茶园等人类居住地附近的小林内。性活泼，结大群，种群数量较丰富。

叉尾太阳鸟：那跳动的小太阳

Fork-tailed Sunbird, *Aethopyga christinae*

叉尾太阳鸟主要分布在中国南方，喜在开花的树或灌木丛中活动。尤其在紫荆花开的季节，走在树下常常可听见几声间断的、带有金属音色的短促叫声。这时抬起头，寻找花叶间那个跳动的身影，在阳光反射下闪烁着宝石蓝色的金属光泽，胸前像是系着一条鲜艳的“红领巾”，以及那可爱迷人的小叉尾，简直就是一个天生尤物啊！但这是只雄鸟，人家鸟类世界里，大多数鸟都是雄的长得比较好看呢！不过也许这只是人类的审美，对于雌鸟来说，长得好看有什么用呀，利用一身保护色保护小鸟宝宝才是最重要的事情。

雄鸟

太阳鸟常被人们误认为蜂鸟，其外表和习性都有些像蜂鸟，但实际上蜂鸟主要分布在南美洲，在中国并没有分布，因此太阳鸟也被称为“东方的蜂鸟”。

雄鸟

辨识要点

一种体形细小（体长约10厘米）的太阳鸟。主要以吸取花蜜为食，因此其嘴细且向下弯。雄鸟的羽色十分鲜艳，蓝绿色的头部带金属光泽，喉部和胸部为红色，上体呈橄榄绿色，尾部有两条细长尾羽看起来像“叉尾”。而雌鸟颜色较为单一，呈绿色或黄绿色，没有叉尾。叫声常为短促的“chiff，chiff，chiff”音。

雌鸟

红胸啄花鸟：你是我的红心肝儿

Fire-breasted Flowerpecker, *Dicaeum ignipectus*

鸟如其名，红胸啄花鸟的辨识度便体现在它的红胸上，无需赘述。那么啄花是什么意思呢？这体现的是它的食性。与大部分鸟在人们心中的印象不同，啄花鸟除了以昆虫、果实为食外，更多的是寻找花蜜。为了适应这样的食性，它们的喙偏尖细，适合深入花中取食；而它们又不是完全以花蜜为食，因而喙的长度又比不上蜂鸟。由于其娇小的体型，啄花鸟会被人们认为是“巨大的蜜蜂”——这种说法很有趣，的确啄花鸟能帮助许多植物传播花粉。

体长约9厘米，雌鸟与亚成鸟通体灰绿而腹白色，与其他啄花鸟雌性长相类似，不好分辨，因此着重介绍雄鸟外貌。头顶至背、尾部为深蓝色，眼下方面颊为黑色；腹部为淡赭黄色，胸部有一块橘红色的斑块，其下有一条黑色斑纹从正中处延伸到腹下。

红胸啄花鸟的常见度不及它的同宗叉尾太阳鸟，不过寻觅它们身影的方法是一样的：找开花开得旺盛的植物。若是你在树下能听到尖细急促、连续不断的一串儿鸣叫，那么不妨驻足观察。活泼好动的它们穿梭在树叶间，人们很难跟上其速度，但所幸移动距离小，且不容易被吓走；若肯下一番工夫，一般是可以看到的。

红胸啄花鸟还有一个俗名叫“红心肝”。听到这么温暖的名字，是否想要携上自己所爱之人，与其共赏那亮丽之姿呢？

朱背啄花鸟：一点朱背倾众生

Scarlet-backed Flowerpecker, *Dicaeum cruentatum*

春天花开的时候，总是有这么轻轻而又尖锐的“嘀嘀嘀”在头顶上传来，每次听到却又见不到它，因为它实在太小啦！而且它很害羞，经常把自己的脸埋没在花朵中间哦。但是只要它转过背面来，你一定会被它性感的背部所吸引住呢！它相比其他小型的鸟类不算特别活跃，但是它会一个其他活跃的鸟不常见的动作——展翅！背对着你的时候，赤红而又性感的背部，加上娇小而又性感的身姿，实在是迷住了不少生物呢。

辨识要点

体型微小（体长约9厘米）的啄花鸟，雄性脸黑，头顶到尾巴除了翅膀以外有一条朱红色的带，翅膀与尾巴末端为深蓝偏黑，雌性脸为橄榄绿色，仅有背下部至尾巴上部有一点朱红色，翅膀带有黑色纹路尾巴为深蓝偏黑，除此之外皆为橄榄绿色。雄雌腹部皆为灰白色，嘴巴细尖而短，叫声为短暂的“嘀嘀嘀”，喜好在树的上层活动。

暗绿绣眼鸟：走在时尚前沿的“眼妆”

Japanese White-eye, *Zosterops japonicus*

广东人叫它“相思仔”，大概是因为暗绿绣眼鸟在繁殖期间雌雄亲鸟会共同筑巢、育雏，轮流出外觅食和照看雏鸟，看上去像感情甚笃的恩爱夫妻。它们常常筑巢于枝叶浓密的树杈处，用草茎、枯枝、苔藓、树皮等筑造出外形精致的杯状或吊篮状的鸟巢。虽然巢穴筑造不易，但是亲鸟警惕性非常高，如果它发现了巢穴被人动过，会决绝地弃巢另筑。亲鸟十分地警惕，因为暗绿

辨识要点

体型小（体长约10厘米），背部橄榄绿色，腰部灰色，腹部白色，喙短小而尖，眼周围有白色眼圈，也正是因此得名“绣眼”，日本称为“目白”。广州留鸟，生性活泼喧闹，喜欢集群活动。

绣眼鸟属于晚成鸟，雏鸟出壳后眼睛还睁不开，羽毛没长齐，完全不能独立生活，全靠亲鸟喂养。如果此时亲鸟意外丧生，巢中的小鸟也无法存活。春夏季节是大部分鸟类的繁殖期，这段时间我们更加应该爱护它们，不要抓捕鸟类取乐或牟利，有时候伤害的不止是一个生命。

暗绿绣眼鸟的主要食物是昆虫，植物果实和一些小型无脊椎动物也在它的菜单上，偶尔也尝尝花蜜的滋味。它是一种喜欢“拈花”的鸟，为很多开花植物充当了传粉的红娘角色，有时候可以看到它快速振翅悬停在花上。城市中非常常见，常能见到道旁树枝叶间橄榄绿的身影穿梭跳跃，唧唧啾啾热闹非凡。路过繁花盛开的大树时不如驻足静静聆听，也许会有美妙的邂逅。

棕背伯劳：魔音杀手

Long-tailed Shrike, *Lanius schach*

辨识要点

体型略大（25 厘米）而尾长的棕、黑色伯劳。成鸟：额、眼纹、两翼及尾黑色，翼有一白色斑；头顶及颈背灰色或灰黑色；背、腰及体侧红褐；颏、喉、胸及腹中心部位白色。头及背部黑的扩展随亚种而有不同。亚成鸟：色较暗，两胁及背具横纹，头及颈背灰色较重。叫声为粗哑刺耳的尖叫“terr”及颤抖的鸣声。

我第一次听到棕背伯劳那刺耳诡异的叫声是在华南植物园。那时候是白天，要是在晚上，估计会有人以为那是鬼魅的叫声。也许有小伙伴提出，他们听过伯劳的叫声很婉转，并没有像传说描述的那么恐怖。这种情况也确实存在。据说到了繁殖季节，伯劳会换个嗓子，变身情歌小王子。还有种情况是，伯劳会模拟其他小鸟的叫声，吸引小鸟来它的附近，随后露出恶魔的面孔，把小型鸟类杀死并吃掉。棕背伯劳虽然还挂着鸣禽的外号，但它是不折不扣的肉食鸟类，捕猎时凶悍的程度跟一般猛禽无异。棕背伯劳体型虽小，但是也能捕食鼠、蛇等，体型比它小的鸟也列入它的食谱。身为鸣禽没有猛禽锋利有力的爪子，也不能像猛禽那样用脚按住猎物撕着吃，它只能把猎物穿挂在树枝、铁丝网上，再用带钩的小嘴撕扯猎物。穿挂起来的猎物有时候会超过自己的需求，远远望去会发现树枝上挂着小鸟、老鼠什么的，恐怖程度不亚于传说中的吸血鬼德古拉。

灰卷尾：红宝石点缀的“小胡子”

Ashy Drongo, *Dicrurus leucophaeus*

什么？这鸟有红眼病！其实并不是，卷尾的眼睛大部分都是红色的，在灰色身体的衬托下，加上光线的影响，眼睛更加红了。在第一次看的时候，很多人都会觉得灰卷尾与黑卷尾很像，但是只要看清过灰卷尾的话，以后都不会认错了，因为黑卷尾的黑实在是太黑啦，是灰卷尾无论如何都赶不上的呢！若你发现一只鸟站在树枝或者电线上，尾巴分得像一个大叉的样子，而且身体灰灰的，眼睛红红的，那就是灰卷尾啦！

辨识要点

体型中等（长约28厘米）的卷尾，脸部颜色较身体浅，双翅颜色较深，其余地方皆为灰色，瞳孔为红色。尾部开叉，叫声为轻声的吱吱声，如小老鼠一般。嘴部弯而短尖，基部长有胡子般的毛。喜好于林间空地的裸露树枝上站立。

黑卷尾：戴虹膜美瞳的大黑鸟

Black Drongo, *Dicrurus macrocercus*

黑卷尾的雌鸟和雄鸟长相相似，但幼鸟并非全黑，其腹部为白色并具有黑色鳞状斑。和同为全身黑色的乌鸦、乌鸫以及发冠卷尾等相似的鸟类相比，黑卷尾的深叉形尾羽是非常重要的辨识特征。

黑卷尾广泛分布于亚洲东部和南部，在中国华北及华北以南的大部分地区为常见夏候鸟。在云南、台湾和海南等地区为留鸟和冬候鸟。黑卷尾虽然很常见且分布广泛，但因其羽色并不引人注目，一片漆黑、个头又不算小，故而常被误认为是小型乌鸦类而被人们忽略掉。

黑卷尾常站立于树冠及灌丛顶端，也时常忽然飞下，翩然掠过灌丛或草地捕食昆虫，身躯修长姿态优美，尾羽一开一合使得深叉形尽显。它们站立或飞行时都喜欢鸣叫，叫声响亮引人注意，其中沙哑声有点类似鸦类叫声。黑卷尾一般单只或成对活动，非繁殖季也会集小群，可在平原、丘陵的开阔林地、林缘及湿地见到它们，也可在村庄和城市公园里找到。

辨识要点

体长约 30 厘米的雀形目卷尾科鸟类，通体黑色，黑色羽毛中泛着一点蓝绿色的金属光泽；虹膜暗红色，喙比较厚实，喙基部有须；较长的尾羽呈深叉形——尾羽从中央向两侧依次变长，最外侧尾羽向外弯曲且略向上翘。这个弯曲上翘的尾羽非常有特色，少有鸟拥有这样的尾羽。

发冠卷尾：绒黑缀蓝遇上 45° 阳光

Hair-crested Drongo, *Dicrurus hottentottus*

发冠卷尾是卷尾科一种美丽的鸟儿。它是一种体型略大的黑色卷尾。头具细长羽冠，体羽斑点闪烁，有着细长的羽冠和长而分叉的尾巴。除此之外，它还有着让我一见就心动的颜色。第一次见到这种鸟，是在华南植物园的第一村附近。那时候刚加入飞羽的我，和小伙伴一起，扛着单筒在植物园观鸟。无意中扫到了一个黑色的背影，这只躯体被零星树叶遮挡的鸟儿勾起了我的好奇心。过了一会儿，枝叶间隙洒下的阳光照到了它的羽毛上，反射出了深蓝色的宝石光泽。通过查阅鸟类图鉴，我得知那是一只发冠卷尾，而非植物园内随处可见的乌鸫。时至今日，那一抹紫蓝的金属光泽仍旧是我对发冠卷尾最深刻的印象，遗憾的是，自那以后我再没见过它了。

辨识要点

体大（长约 31 厘米），雌雄鸟羽色相似，通体黑色且泛蓝绿色光泽，头具一束丝状羽冠，头至颈侧和肩部具闪斑，尾羽分叉且外侧向上卷曲而不同于其他卷尾。虹膜暗红色，喙黑色，脚黑色。

喜鹊：千里送你来相会

Common Magpie, *Pica pica*

喜鹊适应能力较强，全国范围内都有分布。但是在广州这种气候较为炎热的地方却较少机会可以一睹其芳容，而北方的人们就可以经常见到它。喜鹊不怕人，往往人类活动越多的地方，喜鹊种群数量也越多，比如郊区、公园、校园里，而在人迹罕至的密林中则难见其身影。它白天常飞到旷野草地上觅食，夜间则在高大乔木的顶端栖息。

我们常常把喜鹊和鹊鸲拿来比较，就因为这两种鸟都是黑白色且名字中都有一个“鹊”

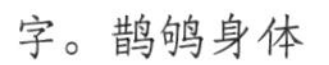

字。鹊鸲身体两侧是黑中一条白，而喜鹊是白中一条黑，区分它们最简单的方法并不是记住到底哪里白哪里黑，只要你看它们的大小就能轻易地分辨出来。鹊鸲是中小型鸟，体长 20~25 厘米，而喜鹊可比它大一倍呢！中国民间传说“牛郎织女七夕鹊桥相会”中的“鹊桥”，就是指万千喜鹊搭成的桥啦！由此可见，喜鹊常常被认为是好运、福气及幸福的象征噢！愿你能常常看到喜鹊，喜上眉梢，平安喜乐！

辨识要点

大型鸦科鸟类，体长 40 ~ 50 厘米，雌雄鸟羽色相似，全身除肩及腹部白色外，其余皆为黑色。仔细看可发现上身有紫色、绿蓝色、绿色等光泽，飞行时可见翼尖有白色飞羽，尾羽长。鸣声单调、响亮，似“glar，glar”声，常边飞边鸣叫。除繁殖期间成对活动外，常成 3 ~ 5 只的小群活动，秋冬季节常集成数十只的大群。

红嘴蓝鹊：颜值与战斗力并存

Red-billed Blue Magpie, *Urocissa erythroryncha*

“哇，刚刚有两只蓝色的、拖着长长尾巴的鸟儿从我面前飞过。”举起望远镜追踪，原来是刚开始观鸟的我一直梦寐的红嘴蓝鹊，这是我第一次在华南植物园看到红嘴蓝鹊，此后，便与它结缘。几乎每次去华南植物园都能看到它的身影，还经常能听到它的叫声，粗犷吵闹，十分“引人注耳”。“哇，这是什么啊，叫声如此特别？”循声望去，正是红嘴蓝鹊呢！

辨识要点

体长约65厘米，头及上胸黑色，顶冠至枕后白色且具黑色细纹，上背蓝灰色。两翼及尾上覆羽天蓝色，下胸至腹和尾下覆羽白色，中央尾羽延长且具白色端斑，两侧尾羽具白色端斑和黑色斑端。

尽管红嘴蓝鹊的叫声聒噪不悦耳，但还是有很多人喜欢它。因为它的体态和羽色实在是太漂亮了，尤其是它长长的尾巴，就像女神的裙摆。每一次见到它，都会被它长长的尾巴所惊艳到。

红嘴蓝鹊是雀形目鸦科蓝鹊属的鸟类，是鹊类中鸟体最大和尾巴最长、羽色最美的一种。上身蓝色，头、颈、喉和胸黑色，头顶至后颈一带羽色为白色，好像特意耍酷染了一撮白色的头发似的。中央尾羽紫蓝色，甚长，末端有一宽阔的带状白斑；其余尾羽均为紫蓝色，末端具有黑白相间的带状斑。外侧尾羽依次渐短，构成梯状，下体为极淡的蓝灰色或近于灰白色，红嘴红脚。

红嘴蓝鹊虽然颜值高，但性情凶悍，会和野兔抢食，会抓青蛙、蛇和绣眼鸟，看到猛禽常会驱赶。它是鸦族的近亲，食性广泛，都有荤素兼容的食性，主要以植物果实、种子及昆虫为食。它性喜群栖，经常集成 3 ~ 5 只的小群在林间作鱼贯式飞行，偶尔也从树上滑翔到地面，纵跳前进。

在广州市区，除了在华南植物园容易看到红嘴蓝鹊，越秀公园也是绝佳观测地点。在许多观鸟人看来，它可谓是越秀公园的“明星鸟”啊！

大嘴乌鸦：鸟界的“伪分解者”

Large-billed Crow, *Corvus macrorhynchos*

大嘴乌鸦是属于雀形目鸦科的闪光黑色鸦，全身的黑色羽毛在光下会闪着或紫或蓝或绿的金属光泽。大嘴乌鸦和它的亲戚小嘴乌鸦长相相似，都属于个儿大、全黑且叫声粗哑的鸦类。比起小嘴乌鸦，大嘴乌鸦的喙更粗，额弓较明显，且叫声相对更粗犷些。

辨识要点

体型大（长约52厘米），全身体羽黑色而具蓝色光泽，喙大而厚，前额拱起，尾呈圆凹形，虹膜褐色，喙黑色，脚黑色。多成对或集群栖息于山地、丘陵、平原等林地。

大嘴乌鸦广泛分布于中国，是常见的留鸟，南方少数地区为冬候鸟。在城市、村庄等环境中常常能看见它们，甚至在海拔4000米以上的高原也会发现它们的身影。大嘴乌鸦是杂食性的鸟，但更喜欢吃肉。野鸟的鸟蛋和雏鸟都会成为它们的盘中餐。大嘴乌鸦不仅仅吃活食，对于腐肉它们也来者不拒。如果哪里出现了动物尸体，无论是在野外还是在马路上，它们都会及时赶到并把尸体“清理”掉。此外，有人类的地方就有垃圾，有垃圾的地方就能看到这些鸦科鸟类觅食的痕迹，因此城镇村庄里的大嘴乌鸦就非常多。

丝光椋鸟：冷淡的配色，骨子里的冷酷

Red-billed Starling, *Spodiopsar sericeus*

丝光椋鸟食性很杂，昆虫、植物种子和果实都是它的美味，它来者不拒，不挑食。生性胆怯，不易近人，常出没于乡间农田觅食，易受农药危害。

丝光椋鸟属椋鸟科，有很强的效鸣能力，能模仿周围的声音。而且它自身的鸣声清亮悦耳，正因如此它是花鸟市场的红人，是常见的观赏笼鸟之一。

第一次认识丝光椋鸟是通过博物君的微博，当时照片里那只可怜的丝光椋鸟的羽毛被鸟贩染成了橙色，鲜艳却僵硬，它更是落魄而不安，如何还能唱出婉转的歌声。丝光椋鸟嗓音虽出众，相貌却很普通，黑心鸟贩为了噱头惯于将其染色。鸟儿从野外被捕捉，为节省成本在狭小空间运输，再经药物染色，到达市面上时幸存者已寥寥无几。有的被染色的鸟儿逃逸到野外也难以存活。

如今它的种群数量下降趋势明显，目前已被国际鸟类保护联盟（Bird Life Intenational）列为世界受威胁鸟类名录。人类为了心中的欲望情愿禁锢一个自由的灵魂。究其原因博物君说的我深以为然，人们之所以这样，是孤独在作祟。

辨识要点

中国特有鸟种。体长 20 厘米左右，背部灰褐色，两翼和尾黑色，颈上环有暗紫色带，雄鸟最明显特征是白色头部和红色喙，喙尖端黑色。雌鸟头部灰褐色，体色较浅。主要分布于我国南方地区，喜欢群居，常结群活动。

黑领椋鸟：爱自由的“花八哥”

Black-collared Starling, *Gracupica nigricollis*

黑领椋鸟还有个名字叫“花八哥”。看这个名字就知道，它和八哥一样，都是属于椋鸟科的。会学人说话、黏人，这两个特点让黑领椋鸟成为某些市场的宠儿，也让人们对这种鸟儿很熟悉。第一次遇见黑领椋鸟是在一个迷人的阴天里，光线不充足的环境下，黑领椋鸟混在一群白头鹎当中休息，相似的配色差点忽悠了我的眼睛。凭借着黑领椋鸟独特的站姿，我还是成功将它从一群鹎里分辨了出来。因那一次并没有看到很高清的鸟儿，留下了一点点遗憾。或许这也是观鸟的乐趣所在吧，曾经的遗憾在不同的时间地点，都会成为一种向往。

辨识要点

黑领椋鸟是椋鸟科的一种鸟儿，体长约 28 厘米。它有白色的头，黑色的颈环和上胸。除了黑白二色，它眼周裸露的皮肤和脚也都是黄色的。鸟的背部以及两翼为黑色，翼缘为白色。多出现于开阔的农田、荒地和河流两侧。

八哥：隐藏在翼下的“八”字

Crested Myna, *Acridotheres cristatellus*

这是一种大家非常熟悉的鸟类。这种鸟儿在天空中展开翅膀，掠过你头顶的时候，可以看到它两边翅膀下面各有一块白色的斑，看起来就像一个“八”字，这就是它叫八哥的原因。八哥有个亲戚叫“家八哥”。家八哥和八哥的外表还是有挺大区别的，家八哥没有八哥那独特的羽簇（即喙前面那撮毛毛），但是眼睛周围却有一圈裸露的黄色皮肤，和广州市市鸟画眉鸟眼周那一圈有些类似，只是形状不相同。家八哥和八哥都是常见的笼养鸟。笼子里的鸟，虽然离我特别近，但是我看到它的时候，并没有特别的触动。我记得在一次导赏过程中，有个家长说：从望远镜里面看到的鸟儿，有时候比真实站在你跟前的鸟儿还要美。我想，的确是这样呢，在野外偶遇一只精灵的惊喜，又岂是事先安排好的相遇所能相比的呢？

辨识要点

八哥是雀形目椋鸟科的一种黑色鸟，体长25厘米左右，通体黑色而少光泽，前额具有簇状短额冠，初级飞羽基部白色而形成明显的块状翼斑。常见于林地，农田等生境。

金翅雀：邂逅于唐娜·塔特笔下不同的萌物

Grey-capped Greenfinch, *Chloris sinica*

辨识要点

体长约13厘米，黄、灰、褐三色相间的雀鸟，飞羽为黑色，但翅膀具有金黄色翼斑，楔形尾部。经常站在树枝上发出“滴滴滴”的叫声，非常可爱。

金翅雀硕大的喙虽让它显得丑丑的，但是却让我想起了达尔文《物种起源》里面说到的地雀。同样的道理，金翅雀粗壮的喙也是因为觅食的缘故而逐渐进化而来的。

金翅雀喜欢吃植物的种子，粗壮的喙能够帮助它敲开种子。冬天的校园一切都显得单调，食物也变得匮乏起来，这时候，大叶紫薇的种子成了金翅雀的最爱。常常能够在冬日的早晨看到成群的金翅雀站立在大叶紫薇的枯枝上啄食种子，每当有人靠近，鸟群就飞到木麻黄上。

我在校园里长期观察金翅雀，发现了一个非常有趣的现象。冬天的金翅雀经常在乔木的树冠活动，特别是木麻黄和大叶紫薇，因为其能够为金翅雀提供食物。到了春天的时候，万物复苏，校园里的草本植物长起来，鸟儿的食物也多了，金翅雀则三五成群到灌木丛里活动。所以，观察金翅雀也得根据季节变化改变地点，冬天上天台，春天则蹲草丛里，不亦乐乎。

金翅雀的名字得来名副其实。金光闪闪的黄色翼斑是金翅雀独一无二的标志，这正是名字里金翅的来源。还有一个辨别的特征就是它独特的叫声和楔形尾部。如果你走在树林里听到“滴滴滴”的叫声又只看到剪影里的楔形尾部，那么不用猜，就是金翅雀没错了。

黑尾蜡嘴雀：黑尾核桃夹

Chinese Grosbeak, *Eophona migratoria*

它那巨大的喙总是让人印象深刻，让人第一时间就会想起一把大钳子，也正是这样的大钳子才能够让它很轻易地咬开坚硬的植物种子。为什么它的喙不是像红耳鹎一样的小嘴，也不是猛禽一样的弯钩嘴？当然我们对这样的问题很好解答：大概就是它为了吃种子而准备的呗。这些迥然不同的鸟或许来自一个祖先，那么究竟是怎样的力量将它们改造得如此多样呢？恐怕这是一个值得细细咀嚼的问题吧。

辨识要点

体型略大（长约 15 厘米），识别特征是厚重的、巨大的黄色喙与繁殖期雄鸟的黑色头罩，喜取食于结果的乔木上，或者在茂密的林下寻觅食物，常集群。与黑头蜡嘴雀容易混淆，两者雄性的头罩的延伸位置有差异。喜开阔林地和次生植被。

斑文鸟：农田秸秆上的撒欢者

Scaly-breasted Munia, *Lonchura punctulata*

斑文鸟是一种很萌的小鸟。体型小，身材胖嘟嘟的。它们特别喜欢群居，少则几只几十只，多的甚至可达上百只。在中国的南部地区，这种鸟是比较常见的，特别是在庭院、村边、农田、溪边树上和灌丛这些地方。发现它们的时候，往往都是好几只聚集在一起，停在枝桠、农作物上觅食或休息。它最喜欢吃的就是谷粒、植物的果实和种子。

辨识要点

体型略小（长约 10 厘米）的暖褐色文鸟。雄雌同色。上体褐色，羽轴白色而成纵纹，喉红褐，下体白，胸及两胁具深褐色鳞状斑。亚成鸟下体皮黄色而无鳞状斑。亚种 subundulata 色较深，腰橄榄色；topela 胸部的鳞状斑甚为模糊。

似乎喜欢吃谷物等植物性食物的小鸟的嘴巴都有个共同点，圆锥形、短、粗，但是很强壮，比如，为人们所熟悉的麻雀，它们的嘴巴就是粗短的圆锥形，

且它们喜爱的正是玉米等谷物。见过翠鸟吗？那种体羽艳丽具蓝绿色光泽、常停留在水边树枝上看鱼的小鸟，它的喙就是那种粗、直、长而坚的，这种类型的鸟喙则能帮助它们快准狠地捕抓水里的小鱼、甲壳类和其他水生昆虫及其幼虫。

由于斑文鸟主要以谷物为食，这会对农业生产一定的危害哦。

白腰文鸟：那白色腰的小胖子

White-rumped Munia, *Lonchura striata*

梅花雀科的许多常见的鸟类都有着类似的体型和羽色，比如说斑文鸟和白腰文鸟，不仔细看还真的很难区分它们。斑文鸟的腹部有着明显的细纹，而白腰文鸟则有着明显的白色腰部，这是区分它们的主要特征之一。

我们看到的白腰文鸟常常是它收拢翅膀的时候，这时我们看见的只是背部一块方形的白斑。常常有人问为什么它要叫白腰文鸟呢？明明那是背。其实呀，当它张开翅膀的时候，就能见到白斑其实是与腹部相连的一圈白纹，平时只是被黑色翅膀所遮盖。不能因为它胖就说它没有腰呀！

辨识要点

体长约为 11 厘米的小型文鸟，有着梅花雀科鸟类典型的嘴基厚钝，有着黑色的金属光泽且呈粗而短的圆锥形的特征。其前额、眼先和喉部黑色，头、上体和胸部深褐色有白色细纵纹，翅膀黑色，腰部及腹部明显白色，具尖形的黑色尾羽。常见于中国南方，喜成群活动。

黑眶蟾蜍

Bufo melanostictus

在夜观活动中，最容易发现的是一种能发出像小鸭子叫声的两栖动物——黑眶蟾蜍。其实，我们在公园的水池边发现的黑色蝌蚪，绝大多数也是黑眶蟾蜍的蝌蚪。黑眶蟾蜍广泛分布于我国南方各地，能吞食大量害虫。在南方，除了10月至翌年的1月外，几乎都能发现它的踪影，毕竟蟾蜍也是需要休眠的。蟾蜍就是我们常说的癞蛤蟆。那么黑眶又是什么意思呢？原来这种蟾蜍的嘴边（上下嘴唇）和眼眶，都有一圈明显的黑线，所以就有黑眶蟾蜍的名字了。它的背上长满了黑色的疙瘩，而且眼睛后面还有一对明显凸起的毒腺。蟾蜍皮肤腺分泌物的干制品被称为蟾酥，那可是名贵的中药材。刚刚从水中上岸生活的黑眶蟾蜍幼体，只有儿童的手指甲那么大，它要吃3年的蚊子、蟑螂、白蚁、蚜虫、苍蝇、叶甲等昆虫，才能长到成年人的拳头那么大，那时候，它便成年了。然而它不擅长跳跃，主要靠守株待兔的办法捕抓猎物。它虽然没有高颜值，但对人类帮助很大，尤其是农业方面，所以，我们要保护这种外表不那么美艳的小动物。

花狭口蛙
Kaloula pulchra

第一眼看过去，它很像一只棕色的癞蛤蟆，肚皮白又大、四肢细又短、也不擅长跳跃、背部棕褐色，有一个“几”字形的橙色花纹，这与我们心目中的青蛙形象相距甚远。但花狭口蛙可以分泌黏液，保持皮肤湿润，这点跟蟾蜍有很大区别。花狭口蛙有一个独门绝招，就是快速挖地洞。它擅长利用后腿边挖土边把身体埋入土中，只需要 3 ~ 8 分钟就可以完全埋没自己，仅露出嘴巴末端。它之所以被称为洞穴蛙，是因为它成年后以石洞、土穴或离地不高的树洞生活为主。成年蛙有拳头那么大，只有在繁殖期间才到地面生活。过了繁殖月份，你在地面上找到的，基本是未成年的花狭口蛙。何为“狭口”？这种蛙的嘴巴很小，以捕食蚊子、白蚁、蜘蛛等小型动物为生，即使是成年的花狭口蛙，也是这样。而“花”指的是它背部的“几”字形花纹。在繁殖期间，雄性花狭口蛙会模仿牛的叫声来吸引雌蛙，因此人们也会将它们误认为是牛蛙，其实它也有一个俗称叫“地牛”。雄蛙在繁殖期会将自己的身体鼓起两倍那么大，在遇到危险时，会用这招吓唬敌人。

斑腿泛树蛙

Polypedates megacephalus

在广州，最常见的树蛙就是斑腿泛树蛙，成蛙约有5厘米大小，主要分布在秦岭以南地区。它的皮肤黄褐色，前后脚的末端都有吸盘，前肢4个手指，后肢5个脚趾。它们不但能在水中游泳、地面跳跃，而且还能爬树。白天，它们躲在草丛、灌木枝叶、水塘中；晚上，它们则爬到春羽上。此外斑腿泛树蛙的体色还能随栖息环境而改变，在光照强烈而干燥的环境下呈现黄棕色，在黑暗环境时则马上转变为深棕色。幼体的斑腿泛树蛙，多数隐匿在红背桂上。树蛙的指端都有明显的吸盘，那“斑腿”从哪里能发现呢？原来在它们大腿和小腿交界的内侧，有很多浅灰色的斑点。平时这些树蛙蹲着，斑点被大腿和小腿夹住，所以就看不到“斑腿”，只有仔细观察，才能看到“斑腿”。当它们跳入水中，便将前肢缩起，利用强壮的后腿迅速游泳。斑腿泛树蛙除了可以捕食蟑螂、蝗虫、金龟子、叶蝉、蚜虫、蝽类、螳螂等昆虫外，还能捕食蜘蛛、蚯蚓、虾、螺等无脊椎动物。

花姬蛙

Microhyla pulchra

在夜观路上，竖起耳朵倾听，假若听到敲雨花石的声音，那就要留意，这可能是雄性花姬蛙正在发出叫声吸引雌蛙。它们从头部到臀部只有3厘米，背部黄褐色，下巴和腹部以灰色为主，从头部到大腿，有年轮一样的花纹。花姬蛙主要分布在长江以南的水域或草丛中，每年3至7月是繁殖季节。求偶时，雄蛙黑色的下巴鼓得很大，而且颜色和泥土相似。雌蛙则不鸣叫，因此找雌蛙需要很细心。它匍匐在地上，身体外形就接近三角形。在夜观路上，我发现这种花姬蛙很大胆，就算有电筒照住，雄蛙也依然放声鸣叫，吸引雌蛙，这点和其他蛙类不一样。花姬蛙体型虽小，但它们的跳跃能力超强。一旦发现自己难以逃跑，它们会用姬蛙的传统防御方式，将自己的身体鼓起，警告对方，但不会像花狭口蛙那么大。

饰纹姬蛙

Microhyla ornata

这是广州市内体型最小的蛙类，比花姬蛙更常见。雄蛙体长（从头到臀部）只有约 2.5 厘米，但叫声很大。在夜观路上，它是鸣叫声音最大的蛙类，而且它的跳跃能力很强。饰纹姬蛙主要分布在长江以南地区，以蚁类为食，此外还捕食金龟子、蜻蜓等昆虫。它们常栖息于泥窝、土穴或草丛中，喜欢把卵产在净水坑、废粪池或下雨后临时形成的水洼里，每年 3 ~ 8 月为繁殖季节。饰纹姬蛙背上是黄褐色或棕色，肚皮白色。姬蛙的蹼都很小，但游泳能力很强。雌蛙背上的花纹不明显，而且肚皮更白。雄蛙背部有明显的“几”字形花纹。和花姬蛙相比，饰纹姬蛙的花纹不像年轮，像锐角三角形；而花姬蛙的花纹比较接近年轮的形状，或者说接近木工的花纹，类似钝角三角形。虽然它们的声音大，却很难通过声音来寻找它们的踪影，因为它们只有用草丛作掩护躲在草丛里才发出声音。当灯光接近的时候，它们会停止鸣叫。我们在夜观路上发现的饰纹姬蛙基本都是受到惊吓、跳出来才被发现的。

泽陆蛙

Fejervarya limnocharis

泽陆蛙又名泽蛙，体型不大，是南方常见蛙类。但身体颜色、花纹变化很大，青灰色、灰绿色或深灰色，背上满布深褐色或黑色花纹，嘴边的花纹很像斑马纹。它们外表和虎纹蛙（田鸡）相像，但体型比田鸡小，前脚蹼很小，但后脚肌肉相当粗壮。如果是雄蛙，下巴则有两个发声器。繁殖期间，在 水池鸣叫，两个发声器鼓得很大。有的泽蛙背上有一条白色中线，从头部到臀部，将身体左右分开。但有的泽陆蛙却没有这条白色的中线。当有电筒照射到它，它会立刻把身体紧贴地面，灯光过后，它会立即逃走。草坪、水池到处都可以发现它们；有时还会出现在大榕树板根的积水处，因为蛙类的繁殖离不开水；而且生活在那里的泽陆蛙会更容易隐匿在环境中。初次看到泽陆蛙，真的很容易和我们常说的田鸡（虎纹蛙）混淆。泽陆蛙可以捕食多种害虫，除了包括昆虫纲里面的等翅目、鞘翅目、双翅目、直翅目、鳞翅目等昆虫外，还能捕食腹足纲、寡毛纲、蛛形纲的动物。

沼水蛙

Hylarana guentheri

沼水蛙又名沼蛙，广州俗称为“青养”。它的体型比较大，跳跃能力极强。很多人都不知道，它从蝌蚪时期，就已经是两栖动物的杀手。沼水蛙可捕食蝼蛄、蜻类、蜗牛、马陆、蚯蚓、田螺及幼蛙。更有趣的是如果将沼蛙的蝌蚪和其他蛙的蝌蚪养在一起，沼蛙蝌蚪会优先猎杀其他种类的蝌蚪，在异类被彻底清除后再向同类下手。在水生植物区，很容易发现带有尾巴的沼蛙幼体，在睡莲叶上捕食。春夏季在温室的王莲区，也可以看到这种现象。成年沼水蛙和斑腿泛树蛙外表有些相似，两者皮肤颜色很接近，雄蛙黄褐色，雌蛙腹部更加白皙。但沼水蛙的脚趾没有吸盘，不能爬树。其次从背部到腰部交界的部位，斑腿泛树蛙没有明显的皱折；而沼水蛙却有一条明显的皱折，颜色呈深灰，两腰各有一条。怕光、怕人是沼水蛙另一个明显的特征。当有灯光或脚步声接近时，它会迅速跳走。除此外还有雄蛙的发声器官，斑腿泛树蛙只有一个，而沼水蛙有两个。

中国水蛇
Enhydris chinensis

中国水蛇是夜观路上最常见的一种水蛇，常栖息于池塘、水沟中，以捕食鱼类为生，有轻微毒性。与另一种水蛇——黄斑渔游蛇相比，中国水蛇更加怕人。体色以棕褐色为主，两腰各有一条橙色横纹自头部延伸到尾，腹部米黄色，但爬行的鳞片有黑色横纹。背部有三条黑色斑点延伸至尾部末端，其中两条从鼻孔横贯眼睛通往尾部，第三条从颈部开始，通往尾部。当它们还是幼体（筷子那么细）的时候，是不会开口咬人的，但其成年后，就要小心了。与黄斑渔游蛇相比，中国水蛇咬人后，伤者痛感更加明显。因为中国水蛇的头部更大，门牙更尖，咬合力更强。由于中国水蛇比黄斑渔游蛇更胆小，所以观察时要 更轻声才能接近。而且此蛇没有主动攻击性，不用害怕。夜间在水生区拍青蛙、蜻蜓时，还会遇到黄斑渔游蛇从我脚背上爬过去呢。

黄斑渔游蛇

Xenochrophis flavipunctatus

这是夜观路上最容易看到的蛇，只要有水池，那就要擦亮眼睛仔细寻找，经常会在一些水池的落叶底下发现。一旦水面有动静，它们就会不停地游动，甚至游到岸边的洞口往里钻。这种蛇以土黄色为主，身上布满了黑斑、黄斑，有时还会分布少量红斑。这些有颜色的斑点排列得很密，不像中国水蛇那样形成三条明显的长斑带。这种蛇很细很瘦长，头很小，就算咬人，也不会很痛。虽然该蛇无毒，但牙齿上还是有很多细菌的。我曾经被中国水蛇和黄斑鱼游蛇咬过，所以有此体验。此蛇在水中经常以鱼苗为食，有时还捕食蝌蚪、蛙、蛙卵、蜥蜴等。有一次，我将黄斑渔游蛇放进水瓶里，用水泡着观察。很快，原本清澈的水瓶里，漂满了蝌蚪的残骸。原来，它把消化不了的蝌蚪全吐了出来。多数蛇都有这种习性。

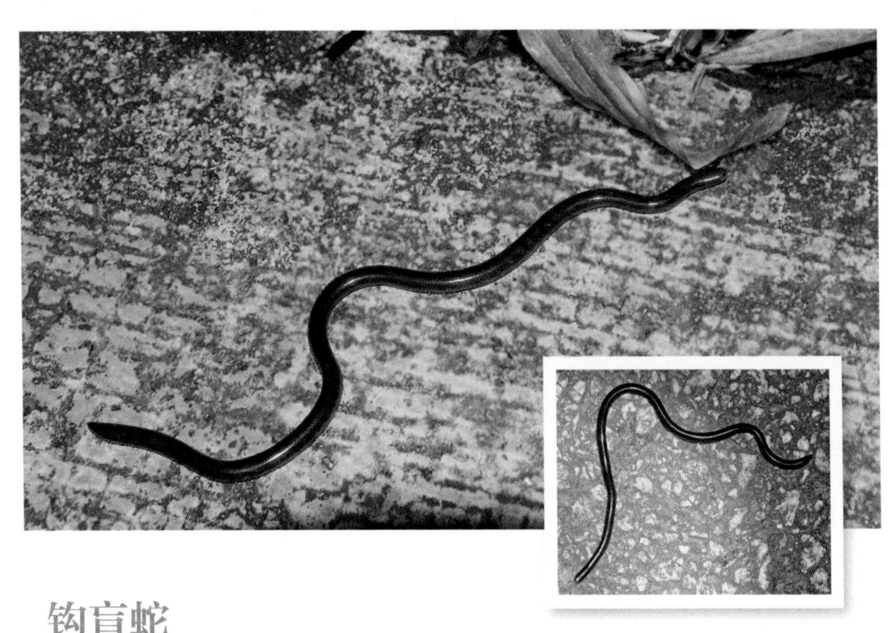

钩盲蛇

Ramphotyphlops braminus

钩盲蛇是一种微型蛇类。我们在华南植物园见到的盲蛇主要是钩盲蛇，因为它的尾巴有点小弯钩。如果是第一次看到它，还以为它是条小蚯蚓。但仔细比较，区别还是很大的。抓过大型蚯蚓的人，一定会感受到蚯蚓会扎手，因为蚯蚓是用腹部的刚毛爬行，手持蚯蚓，会被它的刚毛扎到手。但手持钩盲蛇却没这种扎手的感觉。其次，蚯蚓无论大小，都有一个浅色（通常是粉红色）的环带，里面主要用来磨碎食物，而钩盲蛇却没有这个环带，因为钩盲蛇有自己的胃来消化。仔细观察，蚯蚓身体明显由一节一节组成，身体里面没有骨架，而钩盲蛇身体里面是有一副骨架支撑，只是它的外形太小，像一节小电线。在泥地爬行的时候，钩盲蛇有蛇类的运动方式，速度比较快。钩盲蛇的头部还有一对眼睛，虽然视力已经退化，但眼点还在。如果拿起钩盲蛇来闻，它的气味比水蛇更刺鼻。它也是猫头鹰的主要食物之一。钩盲蛇是目前已知蛇类中唯一行孤雌生殖的种类，也就是只需一条雌蛇就可以繁殖后代。它主要以双翅目昆虫的蛹、蚁类为食。

食蚊鱼

Gambusia affinis

看名字就已经知道这鱼的食物是什么，它们以嗜食蚊类幼虫（孑孓）著称，也被多个国家引进用于灭蚊防控疟疾。蚊子的成虫在水中产卵，幼虫在水中生活。为了控制蚊子的种群数量，我国从马尼拉引入食蚊鱼。它们在水中捕食孑孓、各种浮游生物与有机碎屑。一旦蚊子的生活史在幼虫阶段就被断开，成蚊的数量会随之减少。这是我国引进的一种相当成功的外来物种。它的形状和草鱼相似，但体型比草鱼小很多。成年的食蚊鱼也只有孔雀鱼那么大，很像雌性的孔雀鱼，在金鱼店经常把这种鱼作为龟的食物出售。刚出生的食蚊鱼很快就可以自由活动，寻找食物。当食物缺乏的时候，它们也会取食金鱼藻，一旦发现蚊子的幼虫，它们会第一时间冲上去，帮人类消灭蚊子。我看过不少人乱放生外来入侵物种，那些都不值得提倡，但放生食蚊鱼则应该提倡，就算这种鱼繁殖过量，也不会对本地生物造成灾害，因为它们也可以作为本地鱼类的食物。

中华束腰蟹

Somanniathelphusa sinensis

螃蟹的品种很多，但在华南植物园里的品种不多，主要以中华束腰蟹为主，且数量还不少。数量多的时候，在水池里和各种蛙的蝌蚪、蜻蜓的稚虫及两种水蛇并存。数量少的时候，最好在水生植物区观察，那里的螃蟹还能作为黑水鸡、骨顶鸡、白胸苦恶鸟的食物，所以游客不要轻易捕捞、捕捉这些小动物，因为那样做会破坏植物园里的生态环境。螃蟹有什么特征呢？身体长椭圆形，身体两边各有 4 条腿，靠着 8 条腿“横行霸道”，另外胸前还有一对大钳子，是它们觅食和防御的主要工具。螃蟹的生活离不开水源。在天气很闷热的夏天，螃蟹们会爬到睡莲叶上，这是观察它们的大好时机。你可以发现它们头顶上都有一对凹槽，可以用来保护眼睛，嘴巴像两扇门，有时还会吐泡泡。甚至有时还会吃金鱼藻，这是夜观活动常见的情形。

砖红厚甲马陆

Trigoniulus corallinus

很多人没见过蜈蚣，也没见过马陆。但第一次看到马陆的时候，他们会大喊“蜈蚣”，并且露出相当恐惧的表情。人们常把它称作“百足”。其实，蜈蚣加上头部，最多只有22节，我在白云山看到的小型蜈蚣只有17节，每节只有一对足。22 × 2=44，也就是说，蜈蚣连50条腿都不到。然而马陆却有52节，每节有两对足；52 × 4=208，真正的“百足”应该属于这种没毒的马陆才对。华南植物园里有3种马陆，两种小型的，一种大型的。小型的可以长到2厘米长，体色分别是黑色和金黄色，但金黄色的马陆比较少见。大型的红色马陆，可以长到5厘米长。在夜观的时候，我们通常会让学生去触摸这种没毒的小动物。但要注意，这种马陆在遇到危险时，会将身体蜷缩成一个铁饼的形状，并且发出刺激性气味，大家可以放心这气味对人类来说是无毒的。而蜈蚣遇险时，可就不是放出气味那么简单，它会直接“亲”你一口。潮湿的草地，通常是大型红马陆的出没地，小型的金黄色马陆有时会上树。

蚰蜒

Scutigera coleoptrata

它们是蜈蚣的亲戚，身体虽比较短，但腿却很长，在华南植物园里发现的通常只有 2 厘米左右，但它们爬行的速度很快。如果你家里潮湿，它们会常到你家里做客。这种小小的节肢动物也是有毒的，不过毒性比蜈蚣小多了，但是不要轻易触碰它们。如果你提起胆量抓住它的身体，它常会脱腿而逃，一旦在挣脱过程中，被它那有毒的钳子夹到，还是会疼痛和起皮疹的。蚰蜒喜欢攀爬，这点与它的亲戚蜈蚣有所不同。蜈蚣通常在平路上活动，很少爬墙。蚰蜒基本上吃家庭的小虫，用它的一对毒钳去完成捕食的工作。阴暗潮湿和温暖的春季，是它们活跃的环境，在潮湿的墙脚很容易发现它们的踪迹。在华南植物园里常会发现红褐色的蚰蜒。

白额巨蟹蛛

Heteropoda venatoria

这种蜘蛛，不但在夜观路上常见，而且家庭里也会经常看到，广州话称它作“蟾蜍”。体型较大，是室内活动的最大型蜘蛛，身体有树干一样的褐色（家庭里的是灰褐色），有黑斑，脚上的绒毛很粗，还有毛刺。在眼睛和嘴巴之间，有一条白色的条纹，白线部位相当于人类额头，而且它的脚又高又长，因此得名“白额高脚蛛”。在繁殖期间，雌性白额高脚蛛身下会抱一个白色的卵囊，里面有很多未能独立的小蜘蛛。成年的雄性，背上有一明显“V”字形黑斑，雌性的没这个黑斑。它们原产地在印度，由于嗜食蟑螂，不少人还专门饲养这种蜘蛛来灭蟑螂。白额高脚蛛是夜行性蜘蛛，在潮湿、阴暗地方较多见，它们绝对不主动攻击人类，除非你用力抓它。在人工饲养、食物充足的条件下，它们可以长得很大，把手脚伸长，接近有一张CD盘那么大了。但野外很少发现大型个体。

亚洲长纺蛛

Hersilia asiatica

提起蜘蛛，人们不会陌生，它们有8条腿、在墙上拉丝结网、捕食过往的昆虫、有毒液等等。蜘蛛都有毒性，只是毒性强弱不同而已。那亚洲长纺蛛有何特征呢？它第二对足最长，第一对足次之，第三对足最短。腿上都有黑白或褐白相间的斑纹。蜘蛛类的头部和胸部连在一起，不分离，所以身体只分为头胸部和腹部两大部分。亚洲长纺蛛腹部有比较恐怖的黑色花纹（要放大才能看清）。这种蜘蛛通常在树主干上结很稀疏的网，网紧紧贴住树干，这种网对捕食来说，作用几乎可以忽略。有时在夜观的时候，甚至看到它们几乎没结网。通常来说，不结网的蜘蛛，捕食能力更强，毒性也比结网的蜘蛛强一些。亚洲长纺蛛还有一个很明显的特征——腹部末端有一对相当长的“尾刺”。

斜纹夜蛾

Prodenia litura

这种小昆虫已经广泛分布于世界各地，我国除了青海、新疆之外，其他各地都有分布。如果只看它的幼虫，你会发现它和普通的菜青虫没什么区别。不过幼虫宝宝身上是没有毛的，也无毒，你可以大胆地去抓它。斜纹夜蛾的幼虫有多种颜色，绿色、黑褐色、灰褐色都有。其中灰褐色的身上，大概有 4 条浅黄色的竖条纹，背上分布了很多黑斑点。如果是在植物园里，它们在草地和杂草丛中出现得最多。根据统计，它们以 300 多种不同植物为食。成年的斜纹夜蛾，翅膀大约 4 厘米，翅膀上有一道打斜的比较宽的纹路，因而得名。它已经是世界上最难消灭的害虫之一，待它们蜕了 3 次皮之后，危害就很大了，而蜕了 5 次皮之后，连敌敌畏都无法杀灭它。最好的天敌就是芝麻大小的寄生蜂，它们把卵产在斜纹夜蛾体内进行寄生，从内部把它给摧毁掉。

榕透翅毒蛾

Perina nuda

成虫

榕透翅毒蛾，从名字来看，这种昆虫的特点可能是主要危害榕树、成虫翅膀透明、幼虫有毒。恭喜你猜对了一半。这种毒蛾的幼虫专吃榕树的叶子，包括细叶榕、黄榕、黄葛榕、大叶榕等，我还在学校的花坛里看到过它，因为我校没有农药啊。它的宝宝很恐怖，身上有很多红色的包包，毒毛满布体背，请不要碰啊，会过敏起皮疹的，而且毒毛有倒钩，进入皮肤后，很难完全取出的。等到它准备化蛹之前，也会吐丝，这点和蚕相似，但榕透翅毒蛾的丝无法将整个蛹包住，只是一张稀疏的网，而且蛹的外壳也有毛。榕透翅毒蛾会以蛹的形态度过漫长的冬天，等到春天来临后变成飞蛾。遗憾的是我每次观察看到的都是雌蛾，雌蛾的翅膀不透明啊，只有雄蛾的翅膀才透明。我准备饲养一只雄蛾来观察。

幼虫

蛹

辨识要点

这种毒蛾的幼虫专吃榕树的叶子。幼虫体背布满毒毛，身上有红色的包包。成虫雄性翅膀透明，雌性翅膀不透明。

黄褐球须刺蛾

Scopelodes testacea

幼虫

刺蛾科的幼虫对人类危害都很大，它有很多关于辣的名字，如洋辣子、毛辣子、活辣钱等等。这种翠绿色的宝宝外形挺吓人，背上长满了绿色的圆锥体的肉突，上面还长满了绿色的钢刺，身体两边各有一条蓝边。一旦被这种毒刺扎到，那种火烧般的感觉可能会延续一整天。大家应该避开这些扁扁的小幼虫。它们主要在哪呢？原来这些仅 4 厘米大小的幼虫吃多种果树的叶子，而且大部分在植物园里有分布。大蕉、龙眼、荔枝、扁桃、人面子、洋蒲桃、蝴蝶果、红花蕉、黄苞蝎尾蕉、鹤望兰、八宝树、无忧花、肥牛木，密鳞紫金牛等，都是这些翠绿宝宝的食物。我第一次发现它，是在美丽异木棉的幼树上。成蛾体型不大，只有大约 2 厘米长，张开翅膀大约 3 厘米宽，身上布满黄褐色的闪光鳞片。

幼虫

幼虫

幼虫

栗黄枯叶蛾

Trabala vishnou

“枯叶蝶”的名字你一定听过，但“枯叶蛾”这个名字却很少人会知道。栗黄枯叶蛾就是一种外表很像枯黄叶子的飞蛾，当然指的是成虫。在华南植物园里还看过它的幼虫吃羊蹄甲、构树、石榴、桉树、相思树的叶子。在一次夜观路上，还发现一条幼虫爬在红背桂的叶子上。幼虫最长的时候，比成年男子的食指还长，身体淡黄色，每个体节上都有一对内蓝外黑的圆斑，身体披着大量毒毛。一旦毒毛碰到身上就很痒，还会出现皮肤过敏的症状。但芝麻那么大的寄生蜂却是它的天敌。一旦它成年了变成飞蛾，身上的毒性就会消失，换成了黄色或绿色的翅膀。如果是在农村的路灯下，也能发现成虫的踪迹。

成虫

双线盗毒蛾

Porthesia scintilans

毒蛾科昆虫的幼虫都不好惹，因为它们身体都有毒毛，能让人皮肤过敏而且相当难受。同时这类昆虫也会危害农作物，造成很大的经济损失。双线盗毒蛾的宝宝与榕毒蛾很相似，都有橙黄色的外表和密密的毒毛。不同的是双线盗毒蛾的宝宝危害更大，它们吃荔枝、杧果、龙眼等果树的嫩叶、花和小果；生活在玉米和豆类植物上的双线盗毒蛾宝宝既吃花也吃蚜虫；生活在甘蔗上的会捕食蚜虫。总的来说这种双线盗毒蛾还是危害多于贡献的。成年的双线盗毒蛾红棕色，从头部到翅膀边缘，有黄色的一圈，围成一个明显的爱心形状。听说这种昆虫是从印度入侵我国。

幼虫

优美苔蛾

Miltochrista striata

成年的优美苔蛾大约长 5 厘米，雄性橙红色为主，雌性以黄色为主，都有浅灰色的波浪形斑纹，喜欢灯光。但我最感兴趣的还是它的幼虫阶段。大约在 4 月中下旬雨水天后，植物园很多树干上长满青苔，这就是优美苔蛾最喜爱的食物。很多游客看到这些幼虫，会产生莫名的恐惧。因为它们全身发黑，长满了长长的白色刚毛，幼虫外表看似相当恐怖。优美苔蛾无论是幼虫还是成虫，都无毒。幼虫身上的刚毛很好玩，软软的，不刺人，也没有毒，就算把这些幼虫放到人脸上都没问题。优美苔蛾的幼虫还有一个奇特的现象，一旦受到刺激就会从树干上往后纵身一跳，落到地上。在夜观路上，一旦发现这些小虫子，我一定会让孩子体验一下优美苔蛾的幼虫，打消孩子们心中的恐惧感。但是过了春季空气湿度下降后，随着树干上的苔藓减少，优美苔蛾的幼虫也随之消失，转换成另一个形态。

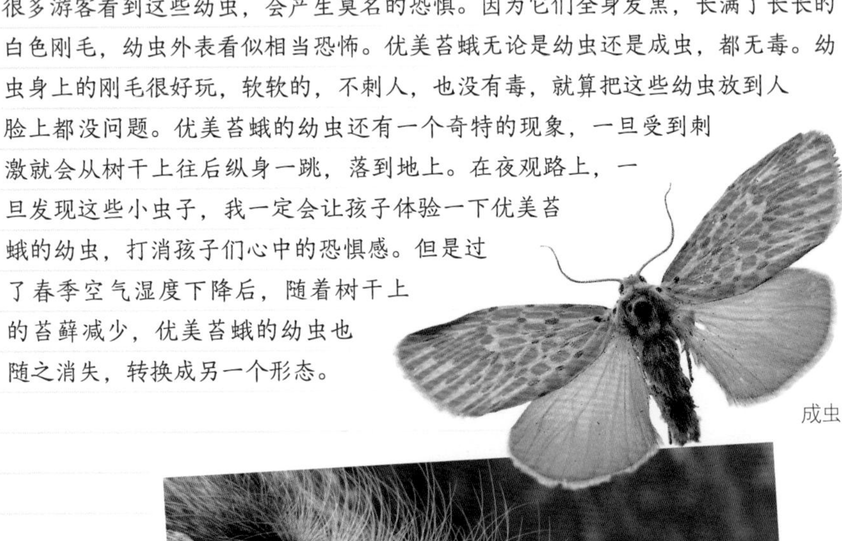

成虫

幼虫

幼虫

鬼脸天蛾

Acherontia styx

天蛾科的昆虫都有相似的特征，翅膀长肚子细（相比其他飞蛾），但鬼脸天蛾却有些不同，它们的肚子比别的天蛾更加圆。翅膀展开有 12 厘米宽，就连它们的宝宝也有 10 厘米长，你可以想象这种飞蛾的体型有多大。想看成虫的话最好在 7 ~ 8 月，白天它们躲在叶子背面，晚上它们有趋光性，会往光亮的地方聚集，飞蛾扑火正是描述这种现象。它们会把卵产在寄主的叶背，所以要找它们的卵需要一些特别的技巧，你必须留意茄科、马鞭草科、木樨科、唇形科的植物，这些植物的叶背可能有鬼脸天蛾的卵。而且留意成虫会更加容易点，成虫最明显的特征是其背上有一个骷髅头图案的花纹，翅膀很长，这些都是鬼脸天蛾的特征。如果发现叶子的背面有接近树干的颜色，就要仔细确认，很可能就有鬼脸天蛾停在背面。

成虫

幼虫

黑翅土白蚁

Odontotermes formosanus

生殖型

提起白蚁，小学生不会感到陌生，就算没见过，也听大人说起过它们的危害。它们外表像蚂蚁，但与蚂蚁没多少亲缘关系，反而和蟑螂的亲缘关系更近些。看到这里，你会对这些啃树木的小动物更加反感了。我第一次见到白蚁，那是1985年的事情了，当时我还在读五年级，是同班同学在倒塌的白千层附近挖来的。当时我觉得它们有点米黄色或淡黄色，而不是白色，嘴巴的钳子很明显，而且钳子很黑。第二次见到它时，是2002年在煤渣跑道上，这次遇见的是肥大的蚁后在跑道边缘缓慢的爬行。这是很不寻常的事。通常蚁后不出巢而且也走不动，估计是有同伴在下面抬着她走。当时，我对白蚁不感兴趣，估计那个蚁后早被锻炼长跑的人群踩死了。4 ~ 10 月是它们的活跃期，它们从接近地表的树皮开始啃起，严重时，在树皮的外表都能看到痕迹。当然，黑翅土白蚁也是地下居住为主，也啃食植物的根部，对观赏类的花木危害很大。

非生殖型

雌成虫

埃及吹绵蚧

Icerya aegyptiaca

埃及吹绵蚧是介壳虫的一种，原产地可能是埃及，1908 年出现于我国台湾省，目前在大陆地区也广泛分布。这种虫子外表是白色的，身体只有 6 毫米长，但危害很大。只有雄虫能飞，你在树叶上看到的基本是雌虫或若虫，因为雌虫从出生到死亡都在原地待着不动。它们常在叶子的背面，因为这样可以避免阳光的暴晒。埃及吹绵蚧吸食各种树叶汁液，大量落叶的叶背能发现它们的踪影。更可怕的是，这种昆虫的雌虫可以不经交配，直接繁殖下一代。与其他的介壳虫不同，埃及吹绵蚧有很多白色的蜡须，外表看来像章鱼，让人感到恐惧。在夜观活动中，我们可以在面包树的叶子背面看到它。这种小昆虫的天敌是澳洲瓢虫，遗憾的是澳洲瓢虫在华南植物园的数量甚少，因此埃及吹绵蚧更肆无忌惮了。

广翅蜡蝉

Ricania sp.

黑星广翅蜡蝉成虫

提起这种昆虫，我的印象就很深，每次在夜观导赏的时候，学生和家长都把“广翅蜡蝉”听成是“广式腊肠”。但这昆虫我可没吃过！有没有腊肠味道，更是不得而知，但不建议把它吃掉。要找到它的卵并不容易，但找到它的若虫和成虫不难，若虫也有两个阶段。刚从卵孵化出来，身体有着蝉的特征，但体型相当小，跟绿豆大小相仿，身体呈乳白色。在若虫的腹部末端处，能看到很多蜡质分泌物，像朵白色的小花，又像一只白色的小刺猬。随着不断地成长，这些白色的蜡刺脱落了，屁股处长出了一束彩虹色的小短毛，眼睛也由白变红。再过一段时间，直接蜕变成成虫，整体变成褐色，眼睛红色。翅膀背部中心有两个深色斑，翅膀边缘有两个透明的斑块。成虫有两个手指甲那么大，其实身体很小，主要是翅膀大。成虫看上去不像蝉，更像一只小飞蛾。

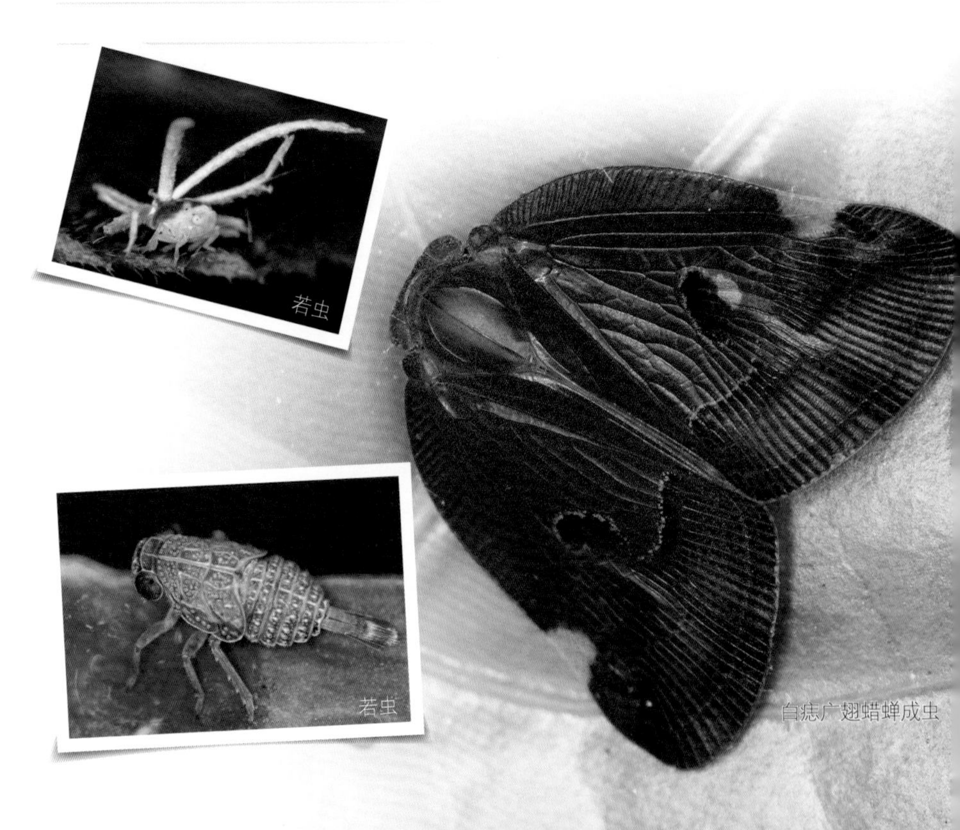
若虫

若虫

白痣广翅蜡蝉成虫

曲纹紫灰蝶

Heliophorus ila

成虫

灰蝶科的蝴蝶都很小，这种曲纹紫灰蝶的成虫也就是成年男子大拇指的指甲盖那么大。小小的曲纹紫灰蝶，危害可不小。它的宝宝专吃苏铁（铁树）的叶子，而且只吃苏铁科植物，泽米铁科、蕨铁科植物都不吃。有人会疑问，苏铁树叶这么硬，小小的毛毛虫怎么咬得动？原来，苏铁的叶子刚长出来的时候，是又薄又嫩，翠绿色卷在一起，这时候，曲纹紫灰蝶就会在苏铁嫩叶上产下天蓝色的卵，让幼虫孵化后立即享用苏铁嫩叶。当苏铁叶片舒展变成熟后，幼虫已经化蛹等待羽化成蝶。必须强调的是它们的繁殖能力很强，一年可以繁殖 8 ~ 10 代，严重危害苏铁的生长。在华南植物园里最容易找到曲纹紫灰蝶踪迹的地方就是在苏铁园。当它们成年后，会吸食很多植物的花蜜，成虫比较容易与别的灰蝶混淆，但幼虫就不会。成虫翅膀平摊的时候，背面紫蓝色很美。当翅膀并拢时，是灰色的，边缘有些深色的曲线纹。翅膀后端还有一块橙色斑，橙斑中间有颗黑点。

椰眼蝶

Lethe chandica

成虫

看到名字你是否会认为它与椰子有关呢？猜对了，这种蝴蝶又叫翠袖锯眼蝶，它的宝宝吃山棕、黄椰子、蒲葵等叶子而得名。华南植物园里有众多的棕榈科植物，因而你可以轻易地找到它们。它们的卵是黄绿色的小圆点，其实卵壳是透明的，黄绿色是里面幼虫的颜色。刚出生的蝶宝宝头是黑色的，能清晰地看到黑色的头部有像牛角一样的肉刺，身体浅黄绿色，出生后把卵壳吃掉后就开始吃叶子。4 ~ 5 天后身体开始变成青绿色，背上有两条浅黄色的条纹，屁股有明显“V”形的突起。蜕皮 5 次后，全身长大概 4 厘米。蛹呈翠绿色，化蛹后大约再过 8 天，就羽化成蝶。当它竖起翅膀时，在棕色翅膀的边缘有些不明显的白斑块，但翅膀中间有一个相当明显的小白点。当它平摊翅膀时，底色是黑的，前翅的边缘有两把镰刀一样的蓝色图案，两把镰刀互相对着，而后翅边缘深棕色。这种蝴蝶不大，约两节手指那么长。

成虫

幼虫

木兰青凤蝶

Graphium eurypylus

成虫

提起凤蝶，大多数人会认为，它们的第二对翅膀末端都有个小小的突起。看到翅膀后面有多余的突起，就会想到是凤蝶，没这个突起就不是凤蝶。这种观念是错误的，木兰青凤蝶就没这个突起。这种凤蝶 4 ~ 10 月都可以繁殖，成蝶底色以黑色为主，翅膀正反两面都有明显的青色斑块，当它们竖起翅膀的时候，青色的斑块连成澳洲回力标的形状。展开翅膀的时候，两个青色回力标背对背地靠在身体两侧。成年的木兰青凤蝶张开翅膀有 6.5 ~ 7.5 厘米，它们会吸食各种花蜜。当夏天炎热的时候，它们会在地上的积水处喝水降温，有时还会边喝水边撒尿。它们的宝宝喜欢吃各种木兰科的植物，例如含笑、玉兰等。如果你想在华南植物园里找到这些大凤蝶，木兰园是个好去处。

统帅青凤蝶

Graphium chironides

我第一次见到它，是在华南植物园的第一村原始人的茅草屋附近。和木兰青凤蝶相比，统帅青凤蝶第二对翅膀后面有一点小突起，而木兰青凤蝶的翅膀没这个突起部分。斑纹比较，木兰青凤蝶的斑纹是青蓝色的回力标的纹样，而统帅青凤蝶是苹果绿色均匀分布，翅膀的底色还是黑色。展开翅膀有 7 ~ 8 厘米。它们的宝宝也吃木兰科的植物，也就是说，你在木兰园里，既可以找到木兰青凤蝶的宝宝，又可以找到统帅青凤蝶的宝宝。同时，统帅青凤蝶的宝宝还可以在番荔枝科的植物上找到。这种大型的凤蝶虽很常见，但飞行速度快，很少停留，拍摄难度大。它们是昆虫爱好者喜欢拍摄的目标，但找蛹有些难度，因为它很像枯黄的叶子，伪装相当好。

成虫

成虫

玉带凤蝶

Papilio polytes

它是广州市最常见的大型凤蝶。在小学三年级科学教材里，就有要求饲养家蚕，观察家蚕生命周期的实践活动。很多家长在春节后会将柑橘、四季橘等连盆扔掉。而我却在放寒假前，提醒学生别扔，因为将节后的柑橘修剪枝条后，它会长出新枝叶，玉带凤蝶就会悄悄地飞来产卵。卵一开始是芝麻那么小的黄色颗粒，慢慢变褐色，接着就爬出一条跟蚕一样的小虫子，不断地吃柑橘的叶，变成绿色的小肥虫。随着不断地蜕皮（通常在晚上），身上的绒毛慢慢地被磨掉，和蚕宝宝一样可爱，只不过蚕宝宝是灰白色，而玉带凤蝶的幼虫是绿色且无毒。紧接着幼虫变成一个绿色的蛹，再过一段时间蛹变黑色，恭喜你，因为第二天凌晨的 3 ~ 4 点，它会羽化成漂亮的大凤蝶。成年的玉带凤蝶身体以黑色为主，雄性后面一对翅膀上有一条白色的横带，因此有玉带凤蝶之名。

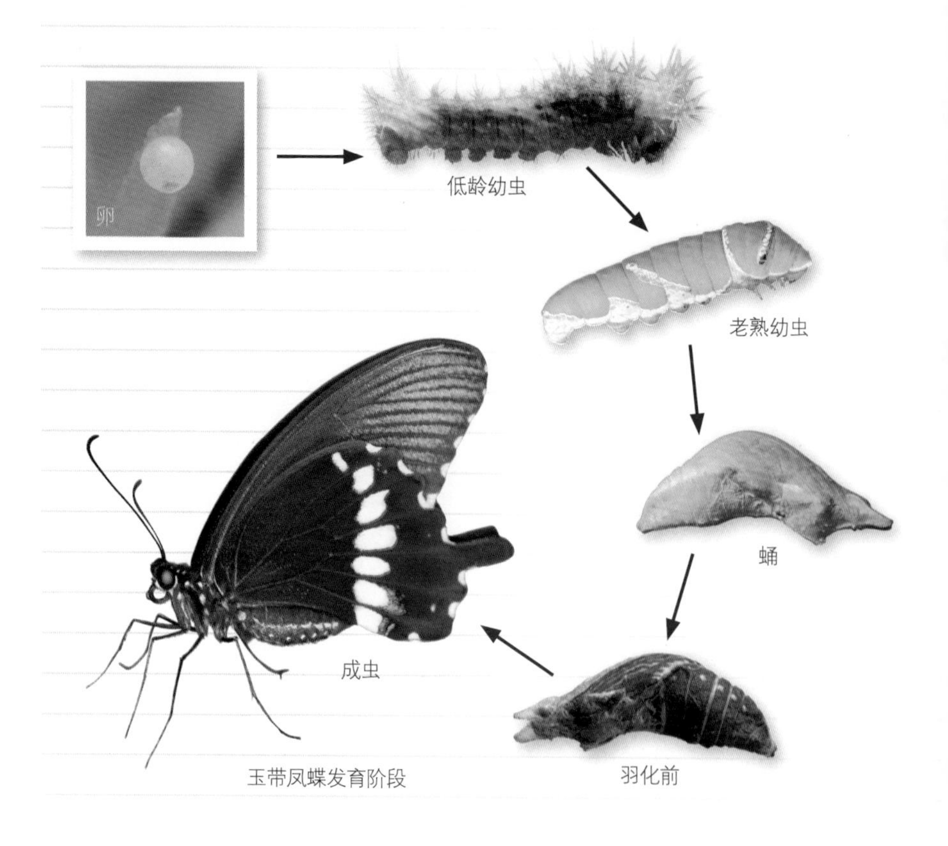

玉带凤蝶发育阶段

玉斑凤蝶

Papilio helenus

凤蝶的宝宝都很相似，在宝宝期间，很难区分它们是玉带凤蝶还是玉斑凤蝶，但成年之后，区别就明显了。雄性的成年玉带凤蝶，后翅膀的背面有一道打横的白色斑点带，而雌蝶没这道白色带。玉斑凤蝶则不一样，无论雌雄都有白色的“山”字形的白色斑块分布在后翅。这种凤蝶翅膀展开有12厘米长，算是大型蝴蝶了，不过它们的宝宝特别喜欢吃各种茱萸，这和别的凤蝶有区别。由于吃的东西比较偏门，所以对农业危害不大，而且数量没有它的亲戚玉带凤蝶那么多。一只只黑色的大蝴蝶在树林里飞翔，很讨小朋友喜欢。很多小朋友讨厌小毛虫，可是这种凤蝶的宝宝是没有毒的，当它蜕了3次皮后，变成绿色，就更可爱了。这时你摸它的头部，会有一对红色的软软的肉刺露出来，这是它在恐吓你，这肉刺又不扎人、又没有毒而且带有浓烈的香气。玉斑凤蝶很喜欢温暖气候，在我国南方分布较多。

成虫

成虫

碧凤蝶

Papilio bianor

这是一种大型的蝴蝶，成年的碧凤蝶展开翅膀可以达到 9 ~ 13.5 厘米，翅膀底色是黑色。如果是雌蝶前翅会反射金色或黄色的鳞粉，后翅的末端有 5 个红色的月牙形斑点。如果是雄蝶那就更漂亮了，前翅的鳞片反射出金绿色，而后翅的鳞片反射出金蓝色的光泽。成年的碧凤蝶都喜欢拜访各种花蜜，雄蝶还喜欢吸水。它们的宝宝也是绿色的小肥虫，喜欢吃贼仔树、吴茱萸、飞龙掌血、柑橘、花椒、黄柏等植物的叶子。刚出生的宝宝外表与鸟粪极为相像，年长后逐渐转变为黄绿色，没有亲戚玉带凤蝶的宝宝颜色那么深，而且多数凤蝶的宝宝两腰各有两道浅色的斑纹，但碧凤蝶的宝宝身体两边各有 4 条几乎看不出的白色斜纹。它头部的皱纹很清晰，像块小地图。

成虫

巴黎翠凤蝶

Papilio paris

这是一种大型的蝴蝶，展开翅膀的时候有 9.5 ~ 12 厘米长。成年的巴黎翠凤蝶身体黑褐色，在阳光的照耀下，反射出荧光绿的色泽，翅膀背面有一道“V”形的浅黄色斑纹。最大的特征是它的后翅各有一块青蓝色的大斑块，与黑色的翅膀对比很明显。欧洲人称这种斑块的颜色为“巴黎翠”。因此这种中国产的凤蝶被命名为“巴黎翠凤蝶”。它竖起翅膀时可以看到后翅边缘有些红斑点，图案没有展开翅膀那么好看。它们飞行迅速，警惕性很高，比较难接近。巴黎翠凤蝶特别喜欢在阔叶林中生活，幼虫宝宝喜欢吃飞龙掌血、柑橘类植物的叶子。成年后，它们会到处飞行，吸食各种花蜜。在某次夜观活动中，还发现有巴黎翠凤蝶停在大门对面的簕杜鹃丛中晚休。

成虫

成虫

成虫

菜粉蝶

Pieris rapae

这是一种很常见的蝴蝶，在 40 年前就已经列入初中动物学的课本。通常是白色为主，翅膀前端有少量黑斑，翅膀展开大约 5 厘米。我在自家附近的公园和校园里经常见到它的踪影，农村的菜地里就更不用说了。它的一对触角很像鼓手的鼓棒。眼睛微微青蓝色，前方还有个向上翘的小鼻凸。它的宝宝叫做菜青虫，主要吃甘蓝、芥蓝、花椰菜、油菜花等十字花科蔬菜，危害还很严重。它们大量出现在 5 ~ 6 月，第二次高峰期在 9 月。它们分布世界各国，很难被消灭。小茧蜂等寄生蜂是它们的天敌，各种鸟类、蜥蜴也喜欢捕食它们。甚至我们买回家的蔬菜里，也会有菜粉蝶的宝宝。我在公园里看过菜粉蝶的成虫吸食向日葵的花蜜和鸢尾花的花蜜。

成虫

虎斑蝶
Danaus genutia

初次遇见虎斑蝶会和斐豹蛱蝶混淆，因为它们的底色都是橙色，翅膀边缘都是黑的，第一对翅膀靠近尖尖处，还有白斑。不过仔细看，它们之间还是区别很大的。只要你看过老虎和豹子，那问题就好解决了。老虎身上的花纹是条纹状的，而豹子身上的花纹是些斑点。虎斑蝶橙色的翅膀上，有清晰的黑色条纹，像叶子的叶脉一样。而斐豹蛱蝶橙色的翅膀上，只有一粒粒黑色的豹子一样的斑点。现在，你看到这两种蝴蝶就不会再混淆了。虎斑蝶展开翅膀大约 7 ~ 8 厘米，飞行缓慢，这种蝴蝶是有毒的不能摸，小鸟吃了它，也会中毒。因为虎斑蝶的宝宝主要吃有毒的天星藤，毒素无法排出体外，积累在自己的身体，导致成年的虎斑蝶也有毒，其实这也是昆虫生存的一项绝技。如果在空旷的树林里，有时可以看到成群的虎斑蝶集体过冬，不过这并非是好事，因为这现象说名附近有毒的天星藤也很多。

报喜斑粉蝶

Delias pasithoe

在冬季还能看到有彩色的蝴蝶飞行，实在是个惊喜，而报喜斑粉蝶就是在这个季节出现。大约两年前在从化温泉区旅游时，我带着微距镜头去拍花，却在清晨看见一只彩色的蝴蝶，它在寒风中 6 条腿紧抱住石米墙。当时我很受感动，因为这家伙在寒风中很顽强，因此将它拍下，回来一问原来是报喜斑粉蝶，又名檀香粉蝶。2016 年春节前夕，我在华南植物园大门的电子大屏幕附近看到了报喜斑粉蝶，当时它在吸

成虫

食红花龙吐珠的花蜜，我又将它记录下来。它们的翅膀以黑色为主，前面一对翅膀有很多白斑，后面的翅膀有大量黄斑，但靠近背部的地方有红斑。飞行时，这些彩色斑不容易看清，但当它们静止时，就会发现它们的翅斑相当漂亮。在华南植物园里，能源植物区和西门附近比较容易发现报喜斑粉蝶的踪迹，不过只是在冬季。

蛹

蛹

斐豹蛱蝶
Argyreus hyperbius

成虫

动物界中通常雄性比雌性漂亮，但斐豹蛱蝶却反过来，我更偏爱它的雌蝶。它们的雄蝶与雌蝶有共同特征：身体都是橙色，有着大量的黑斑点，像豹子的表皮一样，因此而得名。但雌蝶颜色更深、更鲜艳，第一对翅膀的尖端各有一块黑斑，黑斑中间还有一道白斑，这点可以将它们性别区分开。如果你是个摄影爱好者，那你拍到的斐豹蛱蝶多数是雌性，因为它们的飞行能力差喜欢低飞，到处找低矮处产卵，而雄蝶却在高空霸地盘。虽然复眼很发达，但雌蝶产卵的时候却是凭触角的嗅觉来找位置的。我看过学校铅球场的沙池里长满杂草，斐豹蛱蝶的雌蝶专飞到犁头草上产卵，有时竟然把卵产在沙地里，说明嗅觉起了很大作用。成年之后，斐豹蛱蝶也会吸食各种花蜜。不过它们的幼虫有些吓人，蛱蝶类的幼虫，不管是否有毒，在外形上都让人产生恐惧，但成年后多数无毒，而且很漂亮。

成虫

成虫

网丝蛱蝶

Cyrestis thyodamas

网丝蛱蝶是我比较喜欢的蝴蝶，因为它不容易接近，拍摄难度有点大。第一次看到它，我有些惊喜，为什么这种蝴蝶的翅膀是烂的，而且每一只都是烂翅膀的？这些其实都是自己眼睛的错觉。这种蝴蝶翅膀展开 4.5 ~ 5.5 厘米，飞行缓慢。白色的翅膀上有很多黑色的纹路，很像铁丝网，所以有网丝蛱蝶的名字。又因为它的体色像旧时的石米墙，因此又名石墙蝶。它的宝宝很吓人的，一条褐色的毛虫，身上长着几个黑色的长长的肉刺。其实蛱蝶科的幼虫都很吓人，但没攻击性，不必害怕，它们只吃榕树的叶，等到变蛹的时候，就像枯叶一般。3 ~ 12 月都可以看到，但它们只在高高的树顶和石面停留，以降低被攻击的危险。想看到它，就经常在各种榕树附近多待些时间吧。

成虫

幻紫斑蛱蝶

Hypolimnas bolina

看名字你就可以想象出它的翅膀上有紫蓝色斑。它的宝宝是树干一样的褐色，连头部也是黄色，身上有很多黄色的肉刺，但这些肉刺无毒。成年后当它竖起翅膀的时候，翅膀底色是树干的褐色，后面的翅膀显示不太明显的白斑点，围成半圆形。当它平摊翅膀的时候，眼前突然一亮。翅膀的底色是黑色，边缘被白色的小斑点围成一圈，白斑在后面一对翅膀尤其明显。前面一对翅膀共有 4 个明显的大白斑，后面一对翅膀有 2 个大白斑，一共 6 个大白斑，这些白斑的边缘还有梦幻般的紫蓝色斑块包围着。如果是雌蝶斑块则不明显。它们喜欢把卵产在番薯叶上。雄蝶的领地意识很强。

琉璃蛱蝶

Kaniska canace

成虫

它的宝宝是橙黄色的，有很多黑色和白色的横条纹，身上长满了刺，专吃各种菝葜、毛油点草、卷丹的叶子。成年的琉璃蛱蝶喜欢吃树液、腐败的水果、动物粪便及花蜜。而且雄蝶的领域性很强。当它折叠翅膀的时候，颜色和花纹都与树干极其相似，很像一片烂的枯叶。当它平摊翅膀时，大约有 5.5 ~ 7 厘米，黑色的翅膀边缘，有一道明显的青蓝色斑纹，构成一个青蓝色的“V”形。黑色的翅膀在阳光下也会反射出青蓝色的光泽。它们的卵小小的，绿色，有很多白色的竖条纹，像个极其袖珍的西瓜。不过它们的幼虫和蛹都比较吓人。褐色蛹的头部向下，有个明显的钳子形状。如果是运气好的话，3 ~ 12 月都能看到它们高速飞行。

成虫

幼虫

成虫

小眉眼蝶

Neope muirheadii

成虫

眼蝶是很多小朋友喜欢的动物，而且种类也很多。小眉眼蝶的体型不大，只有成年男子大拇指的第一指节那么大。翅膀竖起的时候，像树干一样的黄褐色，上面竖向排着一列（9个）清晰的黑色眼睛一样的斑点。它还担心排不整齐，便在旁边放了一条浅黄色的竖条纹，像眉毛一样，所以就有了小眉眼蝶的名字。当它平摊翅膀的时候，却没那么好看，因为翅膀放平的时候，你只能看到 2 个眼斑，而不是翅膀竖起时的 9 个眼斑。小眉眼蝶的眼斑也跟天气有关，当雨水少的时候，眼斑很少，机乎看不到；雨水多的季节，9 个眼斑相当清晰，而且第二个眼斑最大。我没有观察过这种蝴蝶的生长过程，但经常看到它们在华南植物园大门右侧的红背桂灌木丛里飞行，因为红背桂的花蜜有甜味，而小眉眼蝶喜欢吸食这些花蜜，并在红背桂灌木丛里交配。

蓝点紫斑蝶

Euploea midamus

成虫

这种蝴蝶又叫白点紫斑蝶或拟幻紫斑蝶，当它竖起翅膀的时候，可以看到灰黑色的翅膀上面有很多白斑点，不过你要看仔细了，它不仅翅膀有白斑点，整个身子都有白斑点。看蝴蝶不能只看它竖起翅膀的时候，还要看它平摊翅膀的时候，因为有些蝴蝶是竖起翅膀好看，而有些蝴蝶是平摊翅膀才好看，例如蓝点紫斑蝶平摊翅膀的姿态才是它最美的姿态。因为它平摊翅膀的时候，梦幻般的紫蓝色就显露出来，这种色调让人感觉很舒服，紫蓝色的翅膀上再洒满白斑点，显得很是高贵。它们展开翅膀时，宽度是 8 ~ 9.5 厘米。它们的宝宝专吃有毒的植物羊角拗，那么这种蝴蝶还是别碰了，看看它浪漫的飞行就算了。在繁殖期间，雄蝶会吸食藿香蓟、吊裙草和大尾摇的花蜜，通过翅膀上的香鳞散发的香气来吸引雌蝶。这是判断它们雌雄的办法之一。

成虫

姜弄蝶

Udaspes folus

弄蝶类群有个特征，体型小，成年大概 2 厘米左右，翅膀折叠的形状有些像飞蛾。姜弄蝶又名大白纹弄蝶，黑色的翅膀上，有很多白色的斑纹，前翅膀的白纹是碎斑块，后翅膀的白纹是一整块的。它们的幼虫专吃姜科植物，如姜花、艳山姜、生姜等。5 月，姜弄蝶开始危害植物，7 ~ 8 月特别严重。当它们蜕皮 3 次之后，开始吐丝将叶子卷成筒的形状，钻在里面吃叶子，并且在早晨和晚上光线暗的时候，更换新的叶子来吃。如果你来到华南植物园的姜园，可以看看能否找到这些小宝宝，尤其是在卷起的叶子里面。有些宝宝已经有耐药性，可以躲过农药，继续危害姜科植物。由于它们的天敌不多，尤其是幼虫的天敌不多，所以姜弄蝶危害是比较大的。

成虫

华丽野螟

Agathodes ostentalis

这种成虫只有 4 厘米的飞蛾，由于翅膀色彩艳丽而得名。从卵到成虫大概需要两个月。虫宝宝吃刺桐和海桐，喜欢吐丝把叶子卷起来，然后从中间开始啃食。年幼时喜欢群居，最多可发现 12 条群居。小茧蜂是它们的天敌，此外还有多种林间小鸟喜欢捕食华丽野螟的宝宝。成年的华丽野螟全身浅鹿皮黄色，头部胸部有白点，腹部有白色的环带，背部褐色尾毛黑色。前翅有白斑和新月形斑纹，翅膀正中还有一道桃红色镶白边的斜纹，后面的翅膀类似咖啡色没有斑纹。

幼虫

绿翅绢野螟

Diaphania angustalis

成虫

过去，我只见过绿色的尺蠖蛾，认为飞蛾中只有尺蠖蛾是绿色的，后来发现绿色的飞蛾种类还真不少，例如这种绿翅绢野螟。它们的宝宝米白色很通透，背上有很多大小不一的黑色斑纹，身体两边还有很多黑斑连成一线。很多昆虫不怕毒，喜欢吃有毒的植物，绿翅绢野螟就是其中一员，它们钟爱盆　　架子的叶片。蜕皮 6 次之后，它们的食量变得很大，几天可以将一棵幼树啃光。更难发现的是它们的成虫，有着与树叶一样的绿色。白天，成年的绿翅绢野螟躲在叶背处，很难被发现。幸运的是绿翅绢野螟的天敌也很多，只要保护各种寄生蜂、螳螂、鸟类，就可以达到很好的生物防治。因为减少农药的使用，既保护了这些天敌，也减少了农药对人类的伤害。另外，这些成年的绿翅绢野螟（展开有 4 厘米），通常晚上 10 点后才活动，喜欢扑火扑灯光，在野外或农村，可以用灯光来诱惑它们。

长喙天蛾

Macroglossum corythus

不少人常说自己在国内看到过蜂鸟。其实他们看到的只是太阳鸟、红胸啄花鸟，甚至可能是长喙天蛾，因为真正的蜂鸟只生活在南美洲。为什么人们会把它误认为蜂鸟，因为它的体型太像蜂鸟，而且经常在花丛中飞行吸食花蜜。天蛾科昆虫的宝宝都很容易辨认，它们的屁股后面都有一根长长的肉刺，指向天空；成虫有着狭长的翅膀，绝大多数是飞行高手，它们的肚子也比较肥大。“长喙”，说明它们的“嘴”像长长的吸管一样。和蜜蜂不同，长喙天蛾是不采蜜的。在空中吸食花蜜的时候，长喙天蛾可以悬停，可以任意地上下左右平移，还可以倒后飞，白天和傍晚都能见到它们活动。有些科普书籍把它称作蜂鸟蛾。长喙天蛾成年之后，翅膀颜色和花纹都很接近树干，但有个别天蛾的翅膀是透明的。

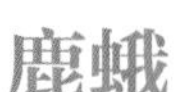

鹿蛾

Amata germana

第一次看到鹿蛾，你会误认为它是只大黄蜂。这种大约 4 厘米的飞蛾，腹部确实有大黄蜂一样的条纹。深呼吸鼓起勇气靠近，发现它不是大黄蜂。它们翅膀上有些斑块还是透明的。翅膀上带有透明斑块的飞蛾确实很少见，鹿蛾就是其中的一种。正因如此，过去，我把它误认为是透翅蛾，后来才知道它是鹿蛾，有些书称它“鹿子蛾”。大约 3 月份可以看到它们的宝宝进食。我曾在华南植物园温室附近看到过蕾鹿蛾，也在芒果路附近看到过中华鹿蛾。中华鹿蛾胸部和背部有明显的黑色，而蕾鹿蛾则没有这种黑色的体节。通常来说，蛾类晚上活动，白天休息，而鹿蛾却多数白天活动，停在没有强光直射的叶面上。仔细观察，你就会看到它们肥大的肚子和透明的翅膀，而且它们比较容易接近，因此是昆虫摄影爱好者常见的拍摄对象。

蕾鹿蛾

鹿蛾

鹿蛾

伊贝鹿蛾

星天牛

Anoplophora chinensis

天牛的种类很多，但它们都有4个外部特征：第一，有长长的触角，像中国古代武器的九节鞭；第二，脖子两边有尖尖的突起，让你无法施展擒拿术；第三，腹部长条形，像子弹；第四，嘴巴有个大钳子，吃植物用的。当你抓住天牛时，它会挣扎，关节摩擦发出吱吱的响声。星天牛身体漆黑，背上布满白色斑点，“星”就是这样来的；触角的每节都由黑色向灰蓝色过渡的色泽，非常漂亮。从产卵到长大需要18个月，而且成年后还可以活30～40天。它们一生中不断地啃食多种乔木。由于它们的天敌不多，因此对园林危害很大。幸好它们的成虫晚上有趋光性，如果飞入你家，你就别可怜它了，直接把它养作宠物吧，免得附近的树木又遭殃了。柑橘、柳树是它们最喜爱的食物。

金龟子

Scarabaeidae sp.

金龟子的种类很多，我在华南植物园发现过 5 种金龟子，包括后面要提到的鳃金龟。它们有着共同的特征：身体披着坚硬的盔甲，脚上有钩爪子，腿和脚的关节处，还有硬刺保护。有的金龟子体色是树干一样的棕褐色，有些是绿色。有些褐色金龟子，背部还有一层绒毛；有些绿色的金龟子，背部还有很多白色的斑点。它们的触角可以像鱼鳃一样展开，遇到危险时，触角还可以折叠缩回去。金龟子的坚硬盔甲其实是前翅硬化而成，底下还有一对非常薄的软翅膀。金龟子的飞行主要就是靠这对软翅膀，而且它们是昆虫中的飞行高手。金龟子小时候是生活在土壤中的，有一个专属的名字叫蛴螬。它的另外一个名字叫“鸡母虫”，以植物根系为食。当它们到了成虫阶段，就靠一些花蜜、果汁和叶片来生活。不过，在夜观路上，我还看到过有棕色的小型金龟子（成年）吃美人蕉的花瓣，说明这些花瓣也是甜的。

金艳骚金龟

华南大黑鳃金龟

鳃金龟

白星花金龟

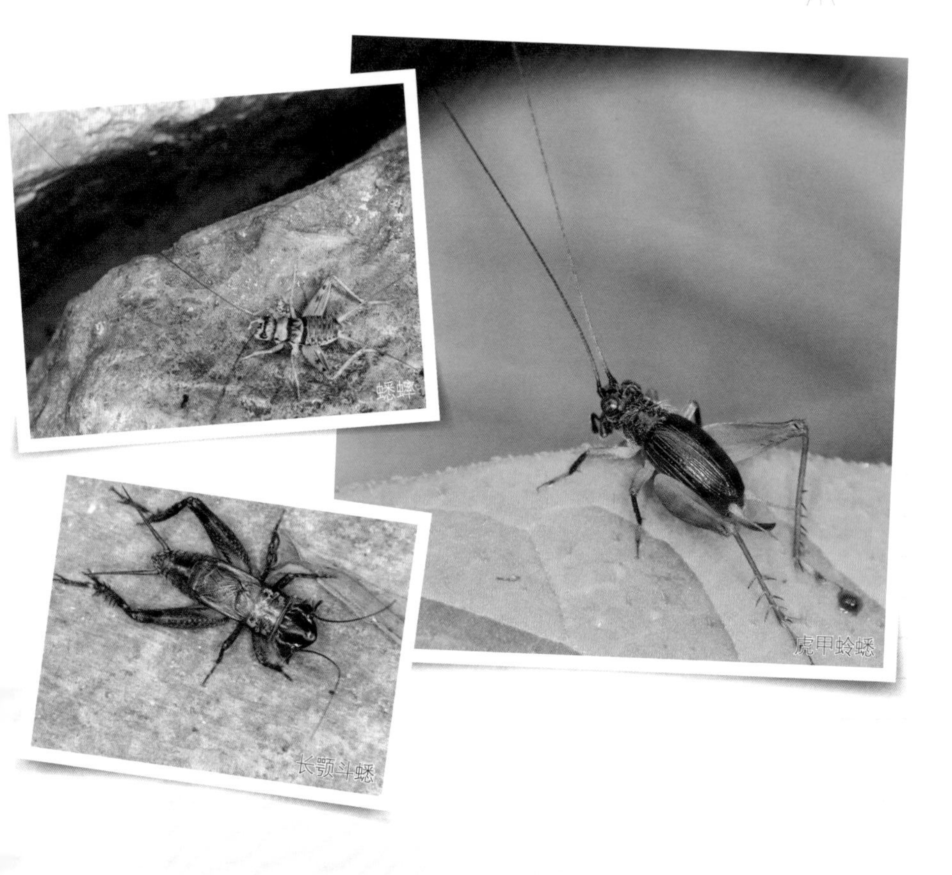

蟋蟀

Gryllus sp.

提起蟋蟀，大家都不陌生。小学语文课本有介绍蟋蟀的住宅，电视上也演过《济公斗蟋蟀》。那么，华南植物园里有多少种蟋蟀呢？我能认出的有3种。一种是油黑色的，类似我们说的油葫芦；一种只有手指甲那么长，背部黑色，腿土黄色，触角有身体两倍长，但背上的翅膀却像黑盾牌一样，生活在草地上，叫虎甲蛉蟋；第三种，是夜观路上最常见的，晚上在沙地和水泥地上活动，而且数量很多，颜色和水泥颜色相当接近，分布在温室对面的印度橡胶榕附近的地板和沙池里。夜观的时候，这些水泥色的小蟋蟀在小朋友的脚边跳来跳去，很有意思。雄性的蟋蟀屁股后面有两根小尾巴，而雌性的还多了一个钩子一样的产卵器。辨别它们的性别时要留意有几根“尾巴”。

螽斯

Tettigoniidae sp.

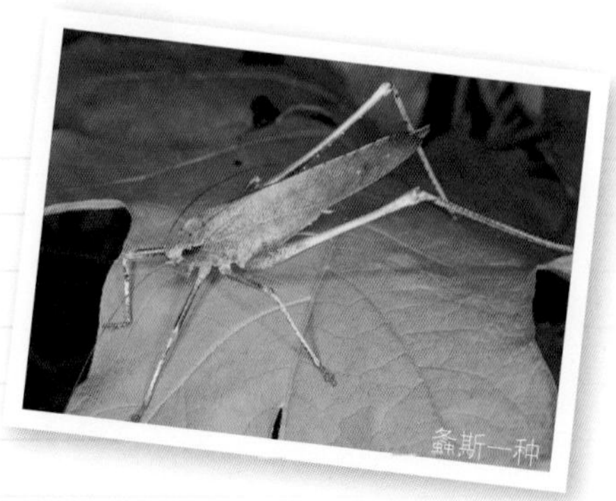

螽斯一种

螽斯的种类很多，华南植物园里的螽斯主要是似织螽、副缘螽、截叶糙颈螽、黑翅细斯和纺织娘这几种。很多人会把它与蝗虫混淆，那么，怎样才能区分螽斯和蝗虫呢？要留心观察螽斯的触角。螽斯的头顶上有两条长长的触角，触角像头发丝一样细，而且比身体还长。然而蝗虫的触角要短很多了，就算是大型蝗虫，它们的触角也不会比身体长。另外还有一个诀窍。雄性的螽斯，在晚上，会摩擦翅膀上的发声器（由音锉与刮器组成）来吸引异性，而蝗虫的声音就没有那么明显了。在夜观的路上，有时候要找螽斯是比较困难的，因为它们落在灌木的顶层，吃嫩叶，身体颜色绿得与树叶两者难以区分。寻找成年雌性螽斯或幼年螽斯（它们都不会发声）可算是难度最高的了。但好胜的雄性螽斯，要靠发声来追求雌虫，因此找雄虫就容易多了，前提是你别只顾着听手机里面的歌声。如果你听到了织布机的声音，恭喜，你找到纺织娘了，它可是华南植物园里最大的螽斯。

螽斯一种

纺织娘
截叶糙颈螽
螽斯一种

豆娘

Zygoptera sp.

提起豆娘，很多人不陌生，因为很多课外书籍都提到过它们。但见过实物的人并不多，能把它们从环境中找出来的就更少了。其实，豆娘也是蜻蜓的同类，或者说是蜻蜓的一个近亲。但我们日常习惯，还是喜欢把豆娘和蜻蜓分开研究。华南植物园的豆娘，我见过并拍到的有7种，它们都有个共同特征：外形像蜻蜓，但体型只有牙签那么细长，外表比蜻蜓小很多。而且休息时，豆娘的翅膀是在背上竖起来的，蜻蜓的翅膀是平摊的。最小的豆娘叫黄尾小蟌（cōng），体型只有牙签的一半那么细长，雄性青绿色，雌性红色为主。白天，我在为它们拍照时，发现它们总是喜欢飞来飞去，等降落到小草上不动时，才发现原来它们在吃一些蚊子或比蚊子更小的飞虫。白天，不找到食物，它们很少会停下来。当我第一次拍到杯斑小蟌吃蚊子的情形时，我特别高兴。后来我拍到了红腹细蟌吃苍蝇，还有褐斑异痣蟌捕杀别的豆娘很多学生都让我带他们去华南植物园观察小昆虫，探索它们有趣的小故事。

黄尾小蟌（雌）

白狭扇蟌

红腹细蟌（雄）

隼尾蟌

褐斑异痣蟌吃黄尾小蟌

褐斑异痣蟌（蜕皮）

褐斑异痣蟌（吃苍蝇）

褐斑异痣蟌（交配）

猩红蜻蜓

蜻蜓

Anisoptera sp.

华南植物园里的水池很多，也孕育了大量的蜻蜓，我拍到的有12种，能确定名称的有10种，另外2种还在鉴定中。另外还有3种蜻蜓相当活跃，从不停顿，因此很难拍到。我最感兴趣的是，这些小小的昆虫，它们把卵产在水里，宝宝在水里生活一些日子，肆意捕食蚊子幼虫；然后在夜色的掩护下，它们悄悄地爬到荷花或别的水生植物上，蜕皮、羽化。第二天，翅膀硬了，飞上蓝天，继续它们捕杀蚊子的使命。我们可千万不要伤害它们，尤其不要把它们抓回家养。它们飞上蓝天之后，只有7天的寿命。在这短短的日子里，它们要完成结婚、生孩子、死亡这3个阶段，而且在结婚和生孩子的阶段中，它们还要捕食大量蚊子。若把它们抓回家养，还没过夜就得郁郁而终了。因为蜻蜓等昆虫无法辨认透明的玻璃瓶或塑料瓶，这些是人类发明的材料和工具，蜻蜓是看不懂的。而且蜻蜓只吃一种类型的食物——通过自己在空中飞行时，亲自捕捉的猎物。所以蜻蜓是难以饲养的，不要再伤害它们了，请让它们在大自然中飞翔。

三角丽翅蜻

黄蜻

蓝额疏脉蜻

细钩春蜓

斑丽翅蜻

蝗虫

Acridoidea sp.

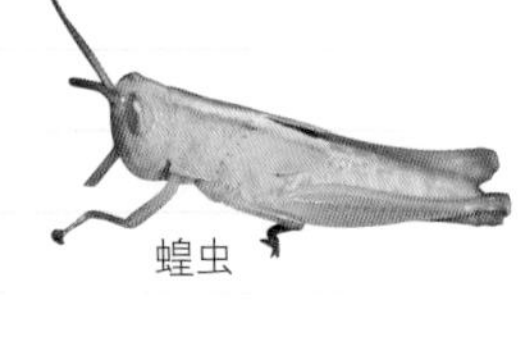
蝗虫

随着土地的减少，现代的小朋友已经很难在市区里找到蝗虫了，但回到郊区和农村还是比较容易找到的。华南植物园里的蝗虫主要有 3 种，最常见的是斑腿蝗，其次是某种小型的短额负蝗（尖头蚱蜢），比较难见到的是突眼蝗。它们有着共同的特征：擅长跳跃，先腾空，再展开双翅飞翔一段距离。蝗虫喜欢吃小草的嫩叶，而且以白天活动为主，所以，你在白天也能发现它们的踪迹，在草丛里寻找就是了。蝗虫的翅膀刚刚盖过腹部，或者比腹部长一点点。这和螽斯有区别，螽斯的翅膀很长，可以把腹部完全遮盖。雄性蝗虫依靠后腿上的音挫与翅膀上的刮器摩擦发声，这点与螽斯不同。大型的螽斯主要在大型的树叶上活动，而蝗虫主要在草地活动，这点也可以快速地将两者区分开。

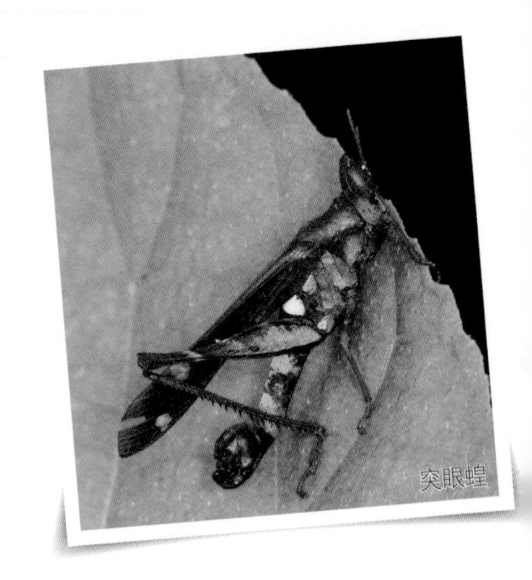
突眼蝗

中华稻蝗

双突斧螳

刺螳

螳螂

Mantidae sp.

螳螂在华南植物园里不是很常见。因为它们是隐蔽性很强的昆虫，依靠保护色和伪装的姿态（拟态）来隐藏自己，然后突击捕猎。在植物园里，我只看到过几次，有两次拍到照片，都是因为它们伪装技术不到家，才被我发现。一次是手臂很粗的斧螳，绿色型；一次是刺螳，棕色型。斧螳很可爱，当它们还小的时候，用后面 4 条腿支撑身体，左右摇动，很像螳螂拳的招数，同时将腹部翘起来。但当它们成年了，长出翅膀后，腹部开始重了，再也无法像小时候那样翘屁股了。无论是哪种螳螂，它们的前足都进化成带刺的镰刀，别惹它们，这对镰刀可是用来捕猎或防御用的。成年螳螂尤其是雌性，肚子比较大且不善飞行，因此它们打猎还得靠伪装和“镰刀”。另外，由于螳螂主要捕捉别的昆虫，它的嘴巴里也有一把锋利的钳子，那玩意也不好惹。到了晚上，部分螳螂的眼睛会由绿色变成棕色。由于螳螂帮助我们消灭了大量害虫，所以还是要提倡保护螳螂。

螳螂

薄翅蝉

Chremistica ochracea

华南植物园里栖息着多种蝉，因鸣叫而易被发现的主要有两种，薄翅蝉和熊蝉。当初我在园里找到一些蝉蜕，发现有很多蝉蜕体型很小，只有一节手指那么大，便开始对这种小生命感兴趣。在夜观的过程中，共有两次发现了正在蜕皮和刚蜕完皮的薄翅蝉，刚完成蜕皮的蝉竟然是绿色的。面对这种现象，很多人都好奇不已争着拍照。在一个雨后的潮湿傍晚，黑夜逐步临近，在潮湿的泥土中，悄悄地钻出一些6条腿的褐色小精灵。它们在地下吸取足够的树根营养后，趁着潮湿和夜色来到地面，四处寻找合适树干，然后慢慢地往上爬。到了大约一米高的时候，会停下来休息片刻并把身体牢牢固定在树干上。接着背部渐渐裂开，一个翠绿的身体从裂缝里钻了出来，让折叠的翅膀下垂慢慢展开。这是它们一生中最柔软的时候，它们几乎没有任何抵抗力，唯一的掩护就是夜色和一米高的树干。这些小精灵需要经历漫长地等待，翅膀才能变硬。此时薄翅蝉的身体已由翠绿变成了墨绿，然后它们告别了保护它一夜的树干，飞去寻找食物和配偶。

熊蝉

Cryptotympana fascialis

夏天的傍晚，刚下过大雨，大约在晚上7点的时候，一些棕褐色的小精灵从土里爬出来。它们经历漫长的地下生活，取食大量的植物根系汁液，身体长大了就钻出泥土，蜕去外皮，换上翅膀，过上空中的生活。遗憾的是，它们刚从泥土里钻出来时，没有任何抵抗力，也没有飞行的本领，在这个过程中，它们很容易被天敌吃掉。因此，它们在潮湿黑暗的泥地爬行，嗅到树的气味后，大约爬到1～2米高时，就不用担心被蛙类吃掉了。然后开始慢慢地蜕皮，换上新的外表，但这时，它们还不能飞翔，要等到第二天的阳光照到翅膀上，翅膀逐渐变硬，再开始空中生活。华南植物园的蝉有两种，熊蝉和薄翅蝉，前者黑褐色，后者翠绿色，无论是蝉蜕还是成虫，熊蝉都比薄翅蝉大得多，几乎是两倍。它们成年后，都吸食树干的汁液来维持生命。

萤火虫

Lampyridae sp.

大陆窗萤成虫

萤火虫是孩子们最喜爱的昆虫之一，在观察时必须提醒孩子们，千万不能抓它们，更不要把它们带走。把它带出栖息环境等于亲手杀害它。很多父母会感叹：“我们小时候家里附近很多萤火虫，为什么现在这么少呢？”家长们也许不知道萤火虫的三大天敌都源于人类活动。第一大天敌是光污染，现代城市里的灯光多了，车灯、房屋灯等等，萤火虫只要发现比自己发光器更明亮的光源，它就会关闭自身发光器，消失在黑夜之中。观察萤火虫时，尽可能把所有能发光的物件都藏起来，这才能更好地观赏萤火虫。第二大天敌是噪音，萤火虫很怕声音，人声、汽车声等等，都会让萤火虫受惊而自动关灯。第三大天敌就是人类的大量捕捉和发明的杀虫剂。当萤火虫还是宝宝的时候，它们会爬到本地蜗牛的身上，分泌消化液，将本地蜗牛的肉融化成一摊水，然后把水吸掉。待它们成年后，就只吸些露水。而且要在短短数天的飞行生活中，完成求偶、结婚、生孩子和死亡这几个阶段。雄虫飞行时，会发出黄光、绿光，很好看。

边褐端黑萤

大陆窗萤幼虫

蚯蚓

Pheretima sp.

蚯蚓，大家都不陌生，也不会感到恐惧，因为很多男孩子还捉过它。当孩子们跟随父母去钓鱼的时候，父母在弄鱼饵，孩子就帮忙在旁边挖蚯蚓。如果孩子在课外书中没见过蚯蚓，不要紧，小学科学书里也分年级多次提到它。细长的身体，像铁丝一样，泥土一样的颜色，还有一节粉红色的东西。若把蚯蚓切成两节，两节都会活等等，这些都是孩提时期对蚯蚓的认识。其实，我们真的不提倡将蚯蚓切成两段，这是在伤害它们。切断后，只有靠近身体头部的一端能活下来，靠近尾部的一端会慢慢地离开我们。而且，靠近头部（粉红色）那段，伤口还会不断地流出受伤的液体，最快也要一星期伤口才能愈合。40 年前，我在读小学的时候，我们观察实验小组的同学就做过这个实验，连续观察记录了 1 个月，完成了人生中的第一次自然观察记录。当时的班主任一直鼓励我坚持观察，坚持记录，不过得出了结论后，我不建议再这样对待小动物。每次见到水泥地上有蚯蚓，我还会将它们捡起放回泥土中，并洒点矿泉水，让泥土湿一点。

福寿螺

Pomacea canaliculata

中秋节除了有吃月饼的习惯外，在广东还有吃田螺的习俗。为什么会这样？因为本地螺类一年四季体内都有带壳的幼子，而在中秋期间，体内的幼子数量最少，这样就形成了广东中秋吃田螺的习惯。福寿螺由于体型比较大、肉质多而被引进国内，一开始就成为非常名贵的酒席之菜。后来人们逐渐发现，福寿螺这种外来物种体内的细菌病毒无法被彻底杀灭，除非将它的肉煮得像烂粥一样。但这样也失去了食用的意义，因此不再食用福寿螺了。在广东的农田里，福寿螺还成了严重的农业有害生物，因为它们经常吃水稻的根、茎、叶。有时，农民在收割水稻的时候，还会被福寿螺的螺口刮伤，因此非常讨厌这种外来物种。在有水生植物的地方，你会发现有一片粉红色的颗粒，那些就是福寿螺晚上产的卵。成年福寿螺甚至能取食睡莲叶片，危害比较大且没有天敌。

蛞蝓

Vaginulus alte

Philomycus bilineatus

皱足蛞蝓

在小学三年级科学课已经提到蜗牛，知道蜗牛通常吃什么，怎样爬行，靠什么器官爬行，外表有什么特征，生活环境是怎样的？很多小朋友听说过“鼻涕虫”，而它真正的名字叫蛞蝓，是蜗牛的近亲，你可以把它看作是没有壳的蜗牛。仔细观察过蜗牛的人会发现，蜗牛有两对触角（须），一对很长，在头上，一对短，在嘴边。长的那对还有眼点，碰到障碍物，长的触角会缩回去，而短的那对触角用来闻食物的气味。蛞蝓虽然背上没有壳，但是别的特征和习性跟蜗牛是相似的，只是蛞蝓的两对触角都比较短。华南植物园的蛞蝓有两种，一种是白色，另一种是黑色。在雨后的潮湿夜晚，白蛞蝓会爬到树干上，吃寄生的苔藓或地衣，用手指轻轻摸它的背，手指上会有很多黏液。而黑蛞蝓体型很大，只在草地上吃草，这种黑蛞蝓几乎不上树。

皱足蛞蝓

双线嗜黏液蛞蝓

灰巴蜗牛

Bradybaena ravida ravida

灰巴蜗牛是一种广州本地蜗牛，生活在潮湿的泥土、草地中。小小的蜗牛进入小学课本，是从三年级开始的。螺旋形背壳突然钻出一个头，接着是两对触角，边爬行边取吃附近的植物；爬过的地方有反光的痕迹；对苹果等有香甜气味的东西比较敏感。尽管蜗牛的种类有很多，但作为本地品种的灰巴蜗牛，还是保留着本地物种的特征。它的螺壳像个面包的形状，漩涡扁扁的，而进口的非洲大蜗牛螺壳是尖尖长长的，像螺丝钉的形状。在华南植物园中，灰巴蜗牛和非洲大蜗牛一直在争抢地盘，但终究不敌非洲大蜗牛。而且灰巴蜗牛有天敌，非洲大蜗牛在国内没天敌。灰巴蜗牛的天敌是谁？是萤火虫。植物园里至少有 4 种萤火虫。萤火虫的幼虫嗜吃本地蜗牛，当然也包括灰巴蜗牛。在植物园里，找到了灰巴蜗牛，那萤火虫幼虫很可能在附近潜伏着。

非洲大蜗牛

Achatina fulica

这是一种外来入侵物种，对广州人来说并不陌生，因为它就是广州话中所说的“东风螺”。其实它是蜗牛，不是螺。判断蜗牛和螺其实很简单，虽然它们都有外壳，但蜗牛壳没有门（盖子），而螺壳是有门（盖子）的。非洲大蜗牛，虽然有着“东风螺”这个俗称，但它的壳没有门（盖子），所以，它还是属于蜗牛，而不是螺。非洲大蜗牛的另一个名称叫“褐云玛瑙螺”，它们肉色发黑，体型庞大，肉质粗而厚，连本地的萤火虫都不愿意吃它。非洲大蜗牛除了吃各种植物的叶子，还吃很多腐烂的东西，生存能力很强。当初引进非洲大蜗牛，是作为食用，但后来发现它体内的细菌和寄生虫超多且无法杀灭，所以没人愿意再食用它。现在，非洲大蜗牛已经在野外泛滥成灾。最近，有专家培育出白玉蜗牛，其实也还是和非洲大蜗牛有很大相似之处，不建议食用。

胡蜂

Vespa affinis

Parapolybia varia

Vespa bicolor

华南植物园中的胡蜂种类太多了，最常见的3种是黄腰胡蜂、变侧异腹胡蜂和黑盾胡蜂。印象最深的是在夜观活动过程中，指导学生观察到黄腰胡蜂在龙血树上筑巢，还有看到变侧异腹胡蜂在棕竹上做巢。当我靠近拍摄时，它们竟然没有向我攻击！原来，当蜂巢还是拳头那么小的时候，它们的攻击性并不强，不敢轻易攻击。当蜂巢接近人头那么大时，它们的攻击性就很强了。胡蜂类主要以昆虫为食，如蜜蜂、蜻蜓等，但胡蜂也偶吃花蜜，因此很多人会误将花瓣上的胡蜂当作蜜蜂。特别是刚才提到的黑盾胡蜂，它们的背上有个很明显的黑色三角形斑块，其余部位都是黄色，比蜜蜂稍微大一点点，不仔细看，是很难把它与蜜蜂区分开的。我亲眼见过，黑盾胡蜂吃苍蝇的蛆虫。在炎热的夏天，胡蜂们太口渴时，也会停在睡莲叶上喝水解渴。

胡蜂

黑盾胡蜂

胡蜂

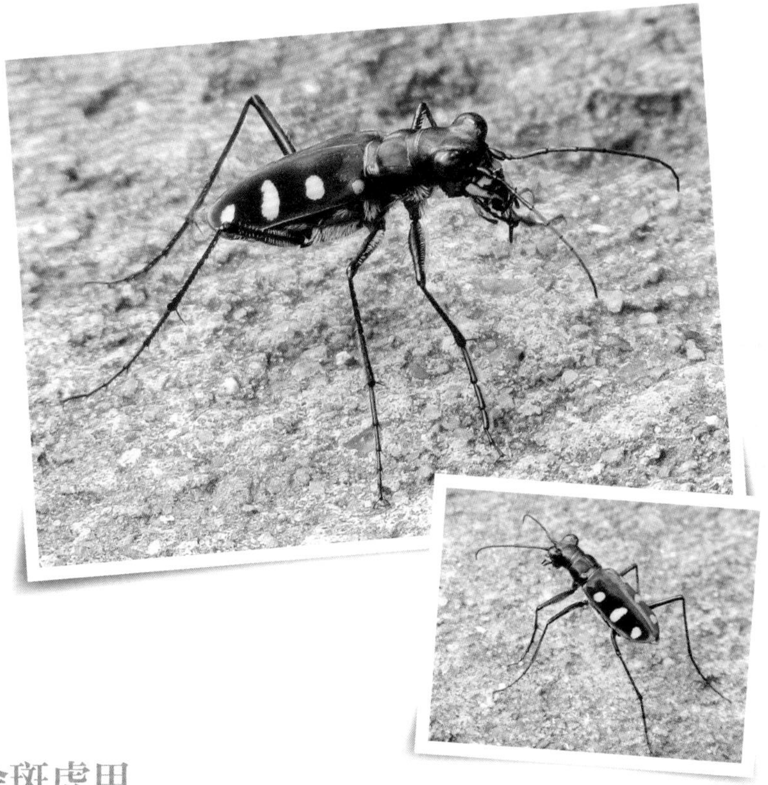

金斑虎甲

Cicindela aurulenta

这是一种肉食性昆虫，成年后大约长2厘米，全身金绿色（或金蓝色），在阳光下非常漂亮。头顶上有一个橙色的“十”字斑，背部的橙色“十”字斑更大些，正好把背部的盔甲分成两片。背部还有8个白色的斑点，因此又名八星虎甲。头部的触角不是太长，但黑色的眼睛很大（复眼），最吓人的是嘴边一对白色的大钳子，样子很不好惹。但它只对农业害虫感兴趣。白天它们在生态好、空气好的乡村小道觅食，见人靠近它们会轻轻一飞，转个圈又落在你面前不远的地方。因此昆虫摄影爱好者称它为“引路虫”。有时，它还会用6条腿把身体站高站直吓唬对方。只要生态环境好的地方它都能生存。我经常在华南农业大学的树木园、南湖游乐园、华南植物园见到它。在华南植物园的话，这种甲虫最喜欢广州第一村。

二十八星瓢虫

Henosepilachna sp.

它是一种危害农业作物的瓢虫。根据取吃食物的类型，科学家把瓢虫大致分成三大类，肉食性瓢虫（例如：七星瓢虫等）、植食性瓢虫（例如：二十八星瓢虫等）、食菌性瓢虫（例如：黄瓢虫等）。二十八星瓢虫在外形上与七星瓢虫很相似，不仔细观察是很难把它们区分开的，很少人会逐颗星去数。如果用对比来说明的话，七星瓢虫可以长到绿豆那么大，而二十八星瓢虫可以长到黄豆那么大。如果你身边有放大镜，那么你用高倍放大镜可以观察到二十八星瓢虫的盔甲上面长着一层绒毛，好像发霉了一样，而七星瓢虫的盔甲上是光滑反光的。七星瓢虫终生只吃蚜虫，而二十八星瓢虫终生吃植物，尤其钟爱茄科植物的叶子和果实。在一些参考书里，也将二十八星瓢虫称为茄二十八星瓢虫，可能是因为这个原因。

赤星瓢虫

Lemnia saucia

这种小瓢虫大约 5 ~ 6 毫米，在广州很常见，和著名的七星瓢虫一同杀灭蚜虫，而且是从小就吃蚜虫。那么怎样区分它们呢？其实，它们的背上是黑色的，左右两边都有一块大大的红色斑块，因此得到赤星的名字。除了背上的红斑之外，它们的复眼后面还有一对白色的斑块，如是雄虫的话，复眼中间还有一个白色的斑块，而雌虫就没有这个斑块。也就是说，一旦发现有赤星瓢虫的话，仔细观察白色的斑块有几个，如果有两个白斑，那就是雌虫，如果有 3 个白斑就是雄虫。无论性别如何，它们都吃蚜虫，很容易在蚜虫堆上找到它们。早春的时候就更容易找到它们了，有时赤星瓢虫还会和别的瓢虫（如：七星瓢虫）混居，并且能和平相处。保护小瓢虫的首要条件是不打农药，更不能抓它们，因为它们的成虫寿命很短。

茶翅蝽

Halyomorpha halys

茶翅蝽和麻皮蝽在外形上很相似，连危害的植物也很相似。因此，我认为它们可能会混居。茶翅蝽身体是宽而扁平的，身体以茶色为主，但个别品种颜色深时，会接近褐色。与麻皮蝽不同，茶翅蝽整体颜色平均单一，不像麻皮蝽那样布满黄色斑点。在没受到恐吓时，它们不会释放臭气。天气冷时，茶翅蝽喜欢闯进人类的屋内，这点有些让人反感，因为它们不但危害各种果树，还会骚扰到居民。每年 5 月开始发现成虫，6 月开始产卵，新一代的幼虫又开始危害果树。奇妙的是，它们的卵很漂亮，刚孵出的小幼虫也很漂亮，它们的卵围成一个圈，通常等到最后一颗卵孵出了之后，小幼虫才集体解散，可见它们的亲情很深。

荔蝽

Tessaratoma papillosa

一看名字，你该知道这是一种蝽类，而且以危害荔枝得名。没错，它还危害龙眼。未成年的荔蝽很扁，身体类似长方形，红褐色，有放射状的斑纹。一看幼虫，你就会联想到非洲土著人的盾牌。但随着不断地长大，这些颜色和斑纹也在改变。成年后，腹部满布白色粉末，背部橙红色。它们最喜欢在荔枝树、龙眼树的叶子上产卵，卵是青绿色的，比较难找到。有时还危害李、桃等果树。哪怕到了成虫阶段，荔蝽还不断地伤害果树，嫩叶、花、果实都是它们的目标。更可怕的是它们的排泄物也会腐蚀植物、人的皮肤和人眼。我第一次在华南植物园里发现荔蝽的地点是在水生植物区，当然，想找到它们的踪影，最好去果树多的区域。但要注意，它们的排泄物对眼睛是有害的。

麻皮蝽

Erithesina fullo

提起这种小昆虫，我也感到很惊讶，因为多次碰到却喊不出它的名字。最近才知道它的名字。“蝽”就是我们常说的“臭屁虫”，广州话叫它“臭屁辣”，当它感到极度危险、无法逃生时，会释放出臭气然后逃脱。蝽的种类太多了，有吃动物的，也有吃植物的。麻皮蝽是吃植物的，用它的嘴刺吸各种水果的茎、果实，对果农业的危害很大。第一次看到它的幼虫，是在自己工作的校园内，发现它身体扁扁的，深褐色，背上有14个红色的斑点，背部边缘有一圈橙色的细线。长大以后它的身体没多大变化，但红色斑点消失，换成了大量的黄色斑点，因而得名“麻皮”。它的口器可以伸得很长很长。仔细观察它的腿上还有一节黑一节黄的色斑。

黾蝽

Gerridae sp.

只要在荷花池赏荷，就会发现水池里有些小虫子在游动，而且从不下沉，永远用 4 条腿在水面滑行，真的很神奇。其实它们很怕光，因为池边有大树遮阴，所以当没有危险时，它们多数会靠近池边。这些在水面划水的小虫子就是黾蝽，又叫水黾，它们是蝽类的一种。蝽类都有翅膀，黾蝽也不例外，我看过飞行中的黾蝽，不过已经是 40 年前的事情了。仔细观察你会发现黾蝽的宝宝很短，腹部很不明显，只能看到 4 条腿贴在水面，而成年的黾蝽腹部长了，翅膀刚好盖在腹部上面。也许你会疑问，昆虫不是有 6 条腿吗？黾蝽另外的两条腿到哪去了？其实，黾蝽另外的两条腿（前足）很短，不作划水用，只是用来捕猎。它们会捕猎小鱼或小蝌蚪，所以黾蝽基本不上岸，即使是飞行，也是被捕捉之后装死看准机会飞行逃脱。

榕小蜂

Agaonidae sp.

榕树种类繁多而且都是隐头花序，有的高大遮阴，有的被当作灌木进行装饰。榕树上寄生的小昆虫却很少有人留意，能留意到毒蛾幼虫和茧蜂的人已经很少了，专门留意榕小蜂的人则更少。榕小蜂也是一种寄生蜂，寄生在榕树的雌花里。别看榕树那么高大，如果没有榕小蜂的帮忙，它很难传播花粉。每一种榕树都有特定的榕小蜂帮忙传粉，有时候还会发现多种小蜂共同寄生在同一朵榕树花里。这种2毫米的小蜂很和谐，不会在榕树的花里伤害同类或亲戚。每当榕树要开花时，树上就出现很多“榕果”，这些其实是它们的花，有紫红色、绿色。雌性榕小蜂就把卵产在“榕果”中，最奇特的是这些寄生的小蜂竟然会预测花期，它们都会在雌花开花的第一天长大成年，离开榕树的雌花。而且有时是多种不同的榕小蜂寄生在同一朵花中，共同在开花的当天，一起离开。当然，榕树离开了榕小蜂还是可以繁殖的，它们还可以通过自己的气生根来无性繁殖。不过有榕小蜂的帮忙，榕树可以进行有性繁殖，它的生活就更精彩啦。

东方蝼蛄
Gryllotalpa orientalis

记得小时候没钱买玩具，家里附近很容易找到蝼蛄，家长就抓这些小昆虫给我玩。现在随着周围环境受到破坏，蝼蛄已经很难在城市里找到，在老城区就更难找到了。现在遇上它，我还不舍得抓它，就算用来做教具，讲解完还要把它放回草地里。在广东农村称它做“土狗”。在我上小学的时候，有同学赋予它“海陆空”这个称号，这已经说明它的适应力很强。开始我对这个称号很怀疑，但小时候在农村亲眼看它在灯光下飞过。这种5厘米长的小昆虫，前足相当有力很适合挖掘泥土。后来才知道它们冬眠，等到第二年清明后，再出土危害农作物，如土豆、花生等，有些种类的蝼蛄还会吃蚯蚓。它们一身黄褐色，翅膀短短的，真没想到还能飞，最难得的是，我还在华南植物园的生态园里看到它游泳，这让我真的佩服这种小昆虫。外形上它与蝗虫长得并不相像，很难想象出它竟然是蝗虫的亲戚。

鳃金龟

Melolonthidae sp.

华南大黑鳃金龟

在华南植物园中你会发现很多金龟子，它们的共同特征是小时候在地下生活，到成年之后，才吃植物的地上部分，尤其是花蜜和花瓣。鳃金龟是园中常见的金龟子之一。它们有着金绿色的外壳，绿得很翠很迷人。有时观察的角度不同，还会看到反射出的黄绿色光泽。它们大约长3厘米左右，与其他金龟子唯一的区别在于，头部的前端有个扇形的突起，很像小铲车的铲子。当它们感到无危险的时候，小小的触角就像两副小鱼鳃，这也是金龟子与其他甲虫的区别之一。当你在草地或泥地上发现它们时，恭喜，你可能看到了它们正在产卵的样子。它们的宝宝在地下吃植物的根系；成年的金龟子，包括鳃金龟都是在花上生活的，而且会把花瓣一同吃掉。小时候做过这个实验，用手轻轻拍打它的背部，它会将6条腿支撑整个身体，将身体高高挺起，让对方觉得它很大。如果将它们放在手上，它们会用腿上的刺扎你的手。

华南大黑鳃金龟

华南大黑鳃金龟

观察鸟类的技巧

前言提及观察欲望是最关键的技巧。倘若观察鸟类，首先你要有观察鸟类的欲望，再进一步深入了解观鸟，再进行观鸟，从而获取观鸟的乐趣。

所谓观鸟，是指人们利用节假日等休息时间走进大自然中，在不影响鸟类正常活动的前提下去欣赏鸟的自然美，了解鸟类与自然环境的关系以及人类与鸟关系的活动。学会观鸟，就等于获得了一张自然剧场的终身门票。

作为华南地区最大的植物园，中国科学院华南植物园因其地形平缓、气候温和、丰富的植物多样性和生境多样性，为鸟儿提供了良好的栖息地，也吸引了很多观鸟爱好者前来观鸟。在 2011—2012 年的植物园鸟类调查中发现，植物园的鸟种类以 135 种在广州的 145 个观鸟点中排名第四，仅次于南沙湿地、中山大学、龙洞周边，是广州市区内最好的鸟类观赏点之一。

广州丰富的鸟类资源吸引着观鸟爱好者们，也推动了自然观察的推广。从 2011 年开始，在华南植物园内，每年 9 月到翌年 4 月的周六都有一群飞羽志愿者免费带领游客切身体验观鸟的乐趣，科普鸟类知识，认识周边自然美，形成良好的自然观察习惯，从而自觉保护身边的环境与物种。

如果你有一颗想要欣赏自然美的心，那就从观鸟开始吧。

学生在华南植物园观鸟

第一，观鸟工具——望远镜

眼睛是观鸟的最佳工具，但有时候为了看得更清楚，我们需要借助望远镜。望远镜有单筒望远镜和双筒望远镜之分，双筒望远镜具有便携易操作的特点，适合观察距离较近和快速移动的鸟类，比如林鸟。单筒望远镜则适合观察距离较远的鸟类，如湿地中的水鸟。双筒望远镜的倍数一般在8~10倍最合适，

太高倍数显得笨重并且稳定性差，因此对于初学者，推荐双筒望远镜。在有一定的观鸟和望远镜使用基础上再尝试学习使用单筒望远镜。至于望远镜品牌，国产的有胜途望远镜，适合经济一般的观鸟爱好者和初学者，当然，经济能力稍好的可以考虑施华洛世奇、徕卡和蔡司等名牌望远镜。

双筒望远镜使用方法：先用眼睛寻找鸟的正确位置并保持视线不移开，然后举起望远镜瞄准并对焦，同时留意鸟的变动，随时调整。

第二，认识鸟类——图鉴

观察到不知名鸟类后，根据观察所得鸟类特征，再通过图鉴可以迅速了解该鸟种的名字和习性，所以一本合适的鸟类图鉴也是观鸟者必备的。图鉴选择可参考《中国鸟类野外手册》，书中涵盖了我国各地分布的鸟种。在华南地区的朋友则推荐香港观鸟会出版的《香港及华南鸟类》，该书囊括了大部分华南及香港地区的鸟类，携带轻便且易于查阅。

第三，养成良好记录习惯——笔记本和笔

每次观鸟都要提前准备好笔记本和笔，将观鸟过程记录下来，包括时间、地点、天气和鸟的种类数量等。做笔记的好处在于可以把观察到的鸟类习性和特征记录下来，那么下次出行时就可以复习牢固从而加强记忆。遇到不懂的鸟类也可以通过笔记请教有经验的观鸟者，解决困惑。如果有兴趣，每次观鸟结束后还可以通过《中国观鸟记录中心》提交自己的观鸟记录。

那么，鸟类特征应该如何记录呢？可以参考以下几点。

1. 体型和大小，通过其他种熟悉的鸟类进行类比。
2. 羽毛主要的颜色，如乌鸫为全身黑色。
3. 有无其他明显的特征，如画眉有白色眉纹。
4. 脚、嘴和尾羽的颜色，如乌鸫的嘴为黄色。
5. 飞行的姿态和特别的动作，如白鹡鸰的飞行方式为波浪形。
6. 独特的叫声，如白鹡鸰的叫声为“jilin，jilin”。

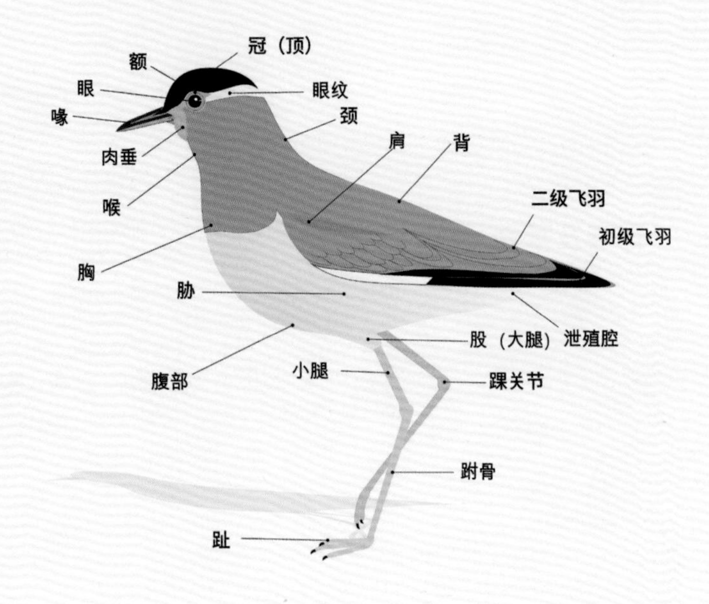

第四，伪装者——服装

鸟儿对移动的物体比较敏感，穿着颜色鲜艳的衣服容易惊动鸟儿把鸟儿吓跑，因此，观鸟时尽量穿着暗灰色或与环境颜色接近的服装。由于观鸟主要在公园或郊外，建议着运动鞋和长裤避免蚊虫叮咬和摔伤。

第五，如何寻找鸟儿

在湿地公园进行观鸟

1. 听声音

边走边听，用心聆听。当听到鸟叫声的时候，通过听声判断鸟儿最有可能出现的方位并仔细寻找，不同的鸟类叫声不同，通过不同的叫声可以提前判断鸟种。

2. 找动静

当树枝或草丛出现不寻常的抖动时，这暗示着其中可能藏着一只鸟。在茂密的树林中，时刻关注树冠层的动静能够帮助你在密林中找到难得一见的小鸟。

3. 耐心等待

自由自在的鸟儿需要我们用十分耐心等待它出现，在合适的地点悉心等待，结果可能令人意想不到，譬如有耐心的观鸟者往往能观察到一些习性较怕人的鸟类。

4. 时间和地点

不同鸟类有不同观察的时间。观察林鸟宜在清晨时分，此时经过一夜的休息大部分鸟类会出来活动觅食，是观鸟的好时机。湿地的水鸟需要注意潮汐时间，一般在潮位 1~1.5 米时观察最好，此时水位适宜，大部分鸟类到滩涂觅食。相关的潮位信息可以查阅气象台。观察猛禽可以选择中午时分，到开阔的原野或山顶，此时猛禽借助上升的热气流在空中盘旋，极易观察。

市区的公园和城乡的郊外都是合适的观鸟点，各地的植物园也具有丰富的鸟类资源，一些高校也是观鸟的好去处。

第六，和谐相处——注意事项

1. 发现鸟类时，需保持一定距离，突然靠近会惊吓鸟类。
2. 不使用声音或虫饵进行引诱。
3. 遇到正在繁殖的鸟类，注意保持距离，以免惊吓到鸟儿。
4. 不破坏周边环境。
5. 在较陡峭的山上观鸟时需时刻注意道路安全。

观察小动物的技巧

小动物的观察主要是指对一些昆虫、两爬和节肢动物的观察，白天和夜晚皆可，但夜晚更佳，因为大部分观察对象在夜晚的活动频率更高，这个时候需要借助手电筒进行观察。

华南地区处于亚热带，气候舒适，非常适合小动物的繁殖，对于观察爱好者来说更是福祉，通常夏季的收获最多。观察地点可以选择在有一定植被覆盖和水域的公园，加上确保观察活动的安全可行这一条件，一般公园或植物园的道路都能满足观察者的需求。观察的时间可选择在晚饭后，沿着路边一边缓慢行走一边用手电筒在植物中寻找，锁定观察目标后可用随身携带的手机进行拍照记录，这样的观察我们称之为夜观。夜观与观鸟又有些许不同，但相同的是要有观察的欲望。

第一，夜观装备

1. 放大镜、望远镜。
2. 手电筒（夜晚观察使用）、捕虫网等。
3. 赏虫图鉴、记录表等。

第二，夜间观察的方法

1. “花前叶下”是观察昆虫的一道秘籍。昆虫们喜欢攀附在花朵的前面和叶子的下方，通过这些位置的寻找可以发现它们的行踪。

2. 两爬类动物如蛙类和蛇类可以选择在靠近水域的周围进行寻找，蛙类雨后更适合观察。

3. 蜘蛛类的节肢动物常常会出现在树干上，所以要记得“抬头看”。

4. 一些软体动物如拟阿勇蛞蝓和褐云玛瑙螺喜欢潮湿的水泥地面。

第三，日常夜观注意事项

1. 进行夜间观察时宜着长裤、运动鞋或登山鞋，切勿穿着拖鞋或凉鞋，以免足部受伤或遭蛇虫咬伤；如果步道间有芒草，应穿长袖衣服，并可依个人需求于手脚等外露部位涂抹防蚊液，预防蚊虫叮咬。

2. 晚春、夏秋之交时的山区蛇类出没频繁，进行夜间观察时需注意身旁有无蛇类或是利用捕虫网、树枝“打草惊蛇”，避免受到蛇类攻击。

3. 观察昆虫可以用手或软镊子捕捉停在枝叶上的成虫来观察，或以软镊子或长筷捡拾在地面上活动的幼虫观察，捕捉时需要格外小心不要过于用力而伤到昆虫；在观察完毕后就将幼、成虫放回原栖息地。

4. 夜间赏虫应以安全为首要注意事项，原则上以选择安全易走的路段为主。

5. 手电筒照明以可见到路径为原则，为减少干扰，可以在灯罩上涂红色颜料或贴一层红色玻璃纸（红色蜡纸）。

总结

无论是观鸟还是夜观，看似简单，实则讲究，技巧都是从经验出发而谈，热爱观察的人不仅会学习他人的观察技巧，更会从自身出发，寻求更多不同的技巧，用眼、用心发现更多意想不到的美，这才是观察的真谛。